Qixiang Zhishi
Chuangkan Sishi Zhounian Wencui

《气象知识》
创刊 40 周年文萃

《气象知识》编辑部　主编

图书在版编目（CIP）数据

《气象知识》创刊40周年文萃/《气象知识》编辑部主编. -- 北京：气象出版社，2021.9
ISBN 978-7-5029-7555-5

Ⅰ.①气… Ⅱ.①气… Ⅲ.①气象学—文集 Ⅳ.①P4-53

中国版本图书馆CIP数据核字(2021)第190032号

《气象知识》创刊40周年文萃
Qixiang Zhishi Chuangkan Sishi Zhounian Wencui

《气象知识》编辑部　主编

出版发行：气象出版社	
地　　址：北京市海淀区中关村南大街46号　　邮政编码：100081	
电　　话：010-68407112（总编室）　010-68408042（发行部）	
网　　址：http://www.qxcbs.com　　E-mail：qxcbs@cma.gov.cn	
责任编辑：宿晓凤　邵　华	终　　审：吴晓鹏
责任校对：张硕杰	责任技编：赵相宁
设　　计：郝　爽	
印　　刷：北京地大彩印有限公司	
开　　本：710mm×1000mm 1/16	印　　张：13.5
字　　数：200千字	
版　　次：2021年9月第1版	印　　次：2021年9月第1次印刷
定　　价：68.00元	

本书如存在文字不清、漏印以及缺页、倒页、脱页等，请与本社发行部联系调换

《气象知识》创刊 40 周年文萃
编委会

主　编：矫梅燕

副主编：于玉斌

编　委：刘　波　谈　媛　李陶陶　徐嫩羽　李　晨　李梁威

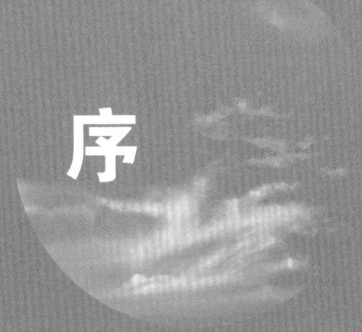

序

岁月如梭,韶华未负。1981年,《气象知识》乘着我国科学文化事业第一个快速发展的东风扬帆起航,至今已有四十载。四十年来,《气象知识》致力于传播气象科学知识,展示气象现代化成就,弘扬气象精神,创造了令人瞩目的成绩,赢得了来自五湖四海热心读者的赞誉。

这一切离不开数届编委会委员、编辑,以及众多气象专家和科普专家的辛劳付出,更凝聚着无数气象科普作者的心血和努力。他们数年如一日,在气象科普的天地精耕细作、孜孜不倦,从天气现象到气候变化,从大气科学基础知识到气象防灾减灾及应对气候变化常识,从气象历史文化到气象科技进展,他们用生花妙笔,为读者铺就一条通往气象科学领域之路。

站在新的发展起点,面对新一代信息技术迅猛发展和新媒体快速创新趋势,作为传统媒体的科普期刊,《气象知识》也需要走上一条创新求变之路。但无论媒体形式如何变化,都必须始终坚持"内容为王",在选题立意、选稿标准及编辑队伍建设等方面探索新思路、谋求全方位提升,实现科学性与趣味性的有机结合,最终将气象科学知识生动地展现给读者,将前沿科研成果转化为通俗易懂的科普作品分享给大众。因此,广大气象科研人员、气象科普工作者不仅要勤于笔耕、研精致思,更要继承老一辈气象专家、气象科普作家的优良传统,从过去四十年的优秀作品中汲取智慧和营养。

为激发气象科普作者的积极性，激励广大气象科研人员投身气象科普创作，自1989年起，《气象知识》从当年刊登的正刊文章中评选出一定数量的优秀作品，并对作者给予奖励。截至2020年，已有304篇集科学性、通俗性、可读性于一身的科普作品脱颖而出。值此创刊40周年之际，《气象知识》编辑部从这304篇优秀作品中遴选出更具代表性的30篇集纳成册，其中，既不乏院士专家、科学大咖、科普名家等深入浅出的生动讲述，又有新生代科普作者、青年科普爱好者开拓创新的有益探索，在对未来气象科普创作发挥积极示范作用的同时，以兹纪念、以飨读者。

秉承普及气象科学知识、弘扬气象科学精神，反对和破除封建迷信的办刊理念，《气象知识》与一代代热爱气象、关心气象的作者与读者们共同成长，跨越了四十寒暑。愿我们携手并进，继续共同打造优质气象科普平台，为铸强气象科普之翼，为推动气象事业高质量发展提供强有力的思想保障、精神动力和舆论支持！

矫梅燕

《气象知识》第十届编委会主任委员

目录

序

七彩人生

- 2 养育之恩 至深至微 / 曾庆存
- 7 科教兴国的先驱——竺可桢 / 沈文雄
- 12 走向南极——我是秦大河 / 秦大河
- 40 风雨人生——涂长望 / 中国气象学会 华风影视集团

科学考察

- 北极科学考察散记 / 高登义 52
- 高原科考——荒原建站与冰川、湖泊演变之思 / 许小峰 60

气候变化

- 70 浅谈厄尔尼诺现象及其影响 / 翟盘茂
- 74 南极臭氧洞的新发现 / 陆龙骅
- 78 气候变化的挑战——过去、现在、将来 / 丁一汇
- 84 非政府间气候变化专门委员会报告到底说了什么 / 刘波

防灾减灾

从黄岛雷击火灾谈起 / 许以平 92

难忘"75·8" / 庄肃明 张海峰 98

沉重的长江泪 / 周煜 107

连续强雨与中、东线南水北调——宏伟的跨流域调水工程 / 章淹 115

短时暴雨与城市积水 / 骆继宾 121

揭秘"低空风怪"——下击暴流 / 王海波 126

气象万千

132 摸透梅雨脾气 利用梅雨气候资源 / 丛华

135 扬州园林中的气象奇景 / 林之光

142 2015年十大气象科技畅想 / 孙楠 张静 史一卓

150 雨雪、大风、浓雾,雅康高速沿线气候条件极其恶劣——破解"云端天路"气象难题 / 申敏夏

谈天说地

156 气候——塑造人类的艺术家 / 王金宝

160 我们的太阳 / 李元

164 探空气球的自白 / 范秀平 雷国文 李国英

168 即将消逝的低碳民居——地窨子 / 兰博文 张雪梅

173 关于南极臭氧空洞你应该知道的那些事 / 刘波

气海拾贝

航空气象的今昔 / 刘春达 178

体育运动实践中的气象问题 / 吴高任 187

气候与中国古代文化 / 张家诚 194

深藏故宫中附带气象仪表的钟表 / 曹冀鲁 197

丝路遗风——新疆文物里的气象之韵 / 潘继鹏 201

七彩人生
QICAI RENSHENG

养育之恩 至深至微

文 / 曾庆存

我永远怀念着我的双亲、兄长和启蒙老师们。没有他们的抚养、栽培和教育，我是不可能成长的。对于他们，我常有负债的心情，总希望能在他们在世时报答万一。可是时不我待，我的双亲、兄长和绝大部分启蒙老师都已辞世，想报答已无时日了。每想到这里，追悔莫及，悲不能已，只有默默鞭策自励，一生都不要辜负他们的辛劳。

曾庆存

我的父亲曾明耀、母亲曾杨氏，是憨厚朴实的农民。我小时候家贫如洗，拍壁无尘。父母率领我们几个孩子力耕垅亩，只能过着朝望晚米的生活。深夜劳动归来，皓月当空，在门前摆开小桌，一家人喝着月照有影的稀粥——这就是美好的晚餐了。然而双亲不怨天，不尤人。父亲只读过点私塾，母亲还是文盲，他们算不上知书之辈，却是达礼之人。虽然家徒四壁，然而慷慨大方、道礼乐济。每遇村里婚丧，父亲总要格外奔波数日，尽量礼厚一点前往庆吊。屋园果熟，从不摘挑上市，一任村中男女老少采食。碰到小孩急从树上爬下时，父亲也着急起来，连忙柔声细语道："随便吃吧，不要慌！莫跌下来，要不爷娘要难过的。"种得特别好的稻谷和蔬菜，父亲总要选来育种，并把种子分送乡亲们，盼来年有好收成。面对父亲种种憨痴，母亲从无半点愠容。父母躬身力行，潜移默化，就这样在我们儿女辈的幼小心灵中深深铭刻着为人的道德规范。需要说明的是，上面诸如"拍壁无尘""朝望晚米""月照有影"等词语，绝非我现在的杜撰，而是儿时由父亲把乡间民语提炼而成并由我在小学时写进日记中的。

七彩人生

记得父母亲和诸叔婶分家那年，父亲愁上加愁，好不容易从外面借到一石谷作为全家尤其是抚育我们这群嗷嗷待哺的孩子们的全部安家费。可是我哥哥曾庆丰已届入学年龄，于是双亲毫不迟疑，想尽办法送哥哥和我上小学。其实，我那时还太小，只是双亲日夜在田间劳动，无暇照顾，也只好让我哥充当起学生兼"阿姨"的角色，带着我上学堂——就这样我以非正规的方式进入了学生时代。父亲也和我们一起在读小学课本，只不过是业余的，他是多么向往着读书而又无计求学的呀！我们放学回来，先到田间和双亲、姐姐们一起劳动，待到太阳西坠，或至夜黑满天星斗之际，或是朗月当空之时，才收工回家。晚餐毕，我们早已困倦不堪，然而双亲却精神抖擞。母亲操作家务和准备明天的劳动；父亲手执火把，和我们一起温习功课，督促我们做作业，这对他来说，应该说是在上自修夜校。看到我们的语文作业或造句不满意，他会提出他的见解，点醒我们；在做算术题时，他则操作算盘核对。有时我们困得不由自主，下巴碰到桌面，他就在我们头顶上给几个"菱角"，无奈的痛楚又使我恢复到清醒状态。"菱角"是乡下语，手指屈曲敲击头颅时发出像掰菱角那样的清脆响声。就这样，我们上交的作业是一笔不苟、一题不错，而且在小学程度的学堂生的文句中还带着点贫苦老农的思虑。

对于这对打着赤脚、衣裳褴褛而又循规蹈矩、学习用功的学生，老师颇为疑惑，于是他（她）们不顾自己的身份体面，突破当时界限分明的成规，亲自到穷乡家访。当了解到真情之后，惊讶、感动、同情，随之而来的就是给予我们关心和帮助，师生间的感情已如水乳交融般深厚。期末，老师对我哥哥的书面评语是："老成练达，刻苦耐劳。"对我的评语是："天资聪颖，少年老成。"虽是过誉，不过大概也是老师的真实感情流露，多少真实地反映出我们当时的某种情态吧！"老成"又"老成"，我们那时还只是小学三年级的学生呢！后来，我父亲还得到了别的某种恩遇：可以几乎无偿地到学校里挑肥——这对农夫来说是非常实惠的，当然，这是后话。

这众多的启蒙老师中有一位陈淑贞老师。她是日寇入侵广州后逃难回家乡阳江的。她学问渊博，对学生的眷眷之心和循循善诱，使我们班每个同学都从内心深处喜欢她、佩服她、爱戴她。特别是她开明、不拘泥于成规习俗。有一次，她藐视早上升旗、训话仪式，带着全班同学，顶着晨雾，一路上有说有笑，豪迈地登上附近的最高峰"望僚岭"（其实是一个山丘，只因那时年纪小，眼前事物无不高耸庞大，自然是高峰了）。站在山顶上，旭日东升，晨雾消散，那山脚下不远处的县城，大街小巷，楼房树木，如栉比一般，历历在目；村外有村，山外有山，绿野平畴，江流如带；还有那高耸入云的远山，空阔连天的大海。得见这样广大的世界，大家指点江山，跳呀，唱呀，现在无法形容当时心田的突然开拓所带来的快乐。忽然间，陈老师指着遥远天边的一个黑点，说那是船，要我们细心凝视它的变化。渐渐地，黑点由细变粗，开始露出船桅，终于显出船身。于是她讲起了地圆学说，还讲了岛屿、海盗和日寇的侵略，告诉我们轰炸县城和学校的炸弹就是由海上飞来的日寇水上飞机投下来的。诱导自然而生，在我们幼小的心灵播下了自然科学和民族义愤的种子。可是至今我也不知道她这次违反校规是否受到了处分。

还有一次，是在重阳节，她不带我们去热闹的北山看纸鸢比赛，而到附近山丘，寻找那早已荒芜的"流杯池"，给我们讲述王羲之、《兰亭集序》和曲水流觞的故事。也许她在发思古之幽情，也许意在熏陶后辈的风雅——那时我班同学大多数的习字格（北方叫"描红"）正是"惠风和畅，……，曲水流觞"。遗憾的是，陈老师只教了一个学期，便又因时局吃紧而匆匆西迁去了。当我得知时，难过了好几天，上课也无精神，夜里频频余音绕梦，迷迷糊糊，喃喃念着"惠风和畅……"，似诗非诗，似叹非叹。确实，她和畅的惠风，经久吹拂着我脑海的清流，从童年到现在，时而皱起阳春的涟漪，时而掀起连天的波涛。我永远怀念着敬爱的陈老师。可是那次一别就杳无音信，至今不知她在哪里，祈求上苍赐她长寿！

穷学生的生活确实辛酸。"做牛做马"大约多是个形容词，而对于

我们（至少是我哥哥）来说，却是实实在在的。春耕时节，家贫无牛，哥哥就执行牛的任务，在前头背荷用手拉着跨肩的绳索，父亲在后面扶犁倾铧，我则随后伛偻搬泥块。冬天，作为全家主要生计来源的是在一块旱地上种菜。放学回来，兄弟俩的任务是从很远的水塘一担担地挑水，再一勺一勺地淋浇到一棵棵的菜根头上。水冷衣单，就着黑夜星光照路，兄在前，弟在后，前呼后应，或者背书有声，也不知经过几十个来回，终于可以收工回家。我是用父亲为我特制的矮桶挑水的，而用于护菜的疏木栏杆式的园门槛，高度几乎与腰齐，要挑着水跨过它不是易事，我难免有人仰桶翻之时，双亲知道了也难于加责，而我膝盖上的累累伤痕则更是数不清。

然而贫也不减其乐，我们可以享受"三馀"。一是"夜者日之馀"。每当我们做完作业之后，父亲就拿着小柴枝，在地上练起大字来，他晚晚如此，一直坚持到辞世前不久。如若我们还未疲倦已极，他还一边练字一边讲解如何运笔用力，甚至把手示范。尽管那笔势是他匠心独运的功夫，不见于经传，我却是得益匪浅的。二是"阴雨者时之馀"。特别是台风过境之日，狂风挟着暴雨，把全家人封锁在屋里。漏串千行，父亲若有所思，忽然说道："久雨疑天漏。"要我们对对，我随即应声道："长风似宇空。"父亲虽不无赞赏地说有几分少年英气，却嫌对仗欠工整，说："'迅雷讶地崩'也许工整些。"不过他自己也不满意。继续研谈下去，从自然到人事，父子兄弟竟然联句得诗："久雨疑天漏，长风似宇空。丹心悬日月，风雨不忧穷。"（这是我近来回忆起来的，也许后两句的一些字与原来的略有出入，不过当时无记录，父母已亡，也无从考据了。）三是"冬者岁之馀"。家乡冬耕忙碌，本无馀暇，不过时有寒潮，偶有霜冻。风扫寒林，脚踩霜地，身随风栗，脚痛撺心，别是一番风味，不觉成句："寒风刺骨的冬天，各种虫儿地底眠，翠木繁花皆冻死，苍松挺立在山边。"这当然不能说是诗，完全是孩子的幼稚造句，还文言白话混合，不过它是我的第一个习作，也凝聚了父亲多年的心血。

父母爱子之心，至深至微，可是我小时候不大能够体会。新中国成立了，县人民政府派车送我们全班毕业生去广州考大学，这是做梦也想不到的事，大家的豪情快意不言而喻。清晨，大家在车站列队，等候上车。突然间，我发现父亲在远远的对面站立着，很久很久，他终于移步走到我面前，说声："这是你的墨砚，你忘带了。"便把墨砚塞进我衣袋中，然后低头走开了。当时我竟然语塞，只是傻低着头。车开了，我看到父亲仍然木立望着我们，直到车转了弯，才见不到他的身影。我和哥哥上了广州，又上了北京，一去5年，无忧无虑，我的身高也由不到1.5米长到超过1.7米，却不知爹娘思儿心碎、望儿心切。1957年留苏前月，我以十分喜悦的心情回乡省亲，傍晚到家乡，只见父母倚门而待。我疾趋而前，这才发现双亲已经白发苍苍了。双亲抚摸着我的头，好久才说了句："你都长这么大了，好想你呀！"他们的声音是控制着的，倒是我忍不住失声哭了起来。我对不住你们呀，双亲！我这时才明白，没有双亲对我异乎寻常的抚育教养，多病、多灾、多难的幼小的我不可能数度化险为夷而生存下来，更不可能学有所成，报效祖国。而后来我也得知，父母亲也曾患过重病，唯以不断呼叫着哥哥和我的名字而自慰，用极不寻常的坚强和毅力，制服了病魔。

父母亲的坚韧不拨永远激励着我。每当我生病或者遇到困难时，父母亲的形象就出现在我面前，而我总是咬紧牙根，硬着顶上，否则就不是曾明耀夫妇的儿子。

（原文刊载于《气象知识》1999年第1期）

科教兴国的先驱——竺可桢[①]

文/沈文雄

今年春天,我国北方广大地区,包括首都北京在内,连连发生沙尘暴天气,狂暴肆虐神州大地,给工农业生产和人民生活带来很大影响。但人们可以信赖的是,我国气象台站对各种灾害性天气都能较准确地做出预报,使各行各业和人民大众有所准备,进行必要的防范。现在天气预报已经成为人们生产、生活中不可或缺的重要信息。

竺可桢

中国的气象事业已经走在世界前列,气象部门已能较准确地发布短期、中期和长期的天气预报及各种时效的专业预报,中国大气科学专家在全球气候变化等国际研究领域里担任着重要的任务。抚今思昔,当我们在回顾我国气象事业的成就并展望进一步的发展时,自然会回忆起中国近代气象科学、地理科学的奠基人和一代宗师竺可桢先生的杰出贡献。

竺可桢(1890—1974年),字藕舫,浙江绍兴人。从小立志要发展科学,造福社会。1910年作为第二批庚款留学生,漂洋过海到美国,寻求近代科学知识。他鉴于中国以农立国,到伊利诺大学攻读农学,毕业后又到哈佛大学研究院,攻读与农业密切相关的气象学,1918年获得博士学位,回国后曾在武汉、南京、天津的大学里执教。1921年,他在东南大学(南

[①] 2000年3月7日是竺可桢先生诞辰110周年纪念日,中国科学院、中国科协和浙江大学在京联合组织了座谈会,纪念竺可桢先生诞辰110周年。竺可桢先生不仅是我国近代科学家、教育家的一面旗帜,气象学界、地理学界的一代宗师,而且是我国实施科教兴国战略和可持续发展战略的先行者。《气象知识》编辑部特邀请竺可桢先生原秘书沈文雄先生撰写此文,藉以表达我们对竺可桢先生的深切怀念。

京大学前身）创办了我国第一个包括气象专业在内的地学系。我国气象学界的前辈张其昀、赵九章、吕炯、朱炳海等都是及门弟子。他编的《气象学讲义》，也是我国最早的现代气象学教材，并编成《气象学》列入商务印书馆的《万有文库》，于1928年初版，1933年再版，1947年第4版，向社会传播近代气象科学，影响了好几代人。

1927年，竺可桢接受中央研究院院长蔡元培的委托，筹建中国第一个气象科研机构，于1928年1月正式就任气象研究所所长。他担任所长16年，为我国近代气象事业做了大量奠基性的工作：在全国范围内广泛设立测候所，远至西藏拉萨，高至峨眉山、泰山的顶部，都开展了气象观测。气象研究所自办或合办测候所28个，协助地方兴办测候所50多个，加上接管军阀时期北京、青岛的观象台，形成了我国气象观测网的雏形。从1928年元旦起，在南京北极阁开始了气象观测，是我国科研机构正式开展气象观测业务的开端。在20世纪30年代，竺可桢先后开办了四届气象培训班，他亲自招生、安排课程、授课，共培养学员近百人。学员毕业后充实到全国各气象测候所，其中有相当一部分人成为我国气象事业的骨干，在他们进入耄耋之年后，仍然奋斗在气象教育和科研工作岗位上。

在半殖民地的旧中国，气象事业的主权受到列强的侵略，沿海、沿江一些气象台站和气象预报信息的广播权，掌握在外国人开办的上海徐家汇观象台手里。竺可桢决心改变这一状况，经他努力，当时政府于1930年取缔了徐家汇观象台的顾家宅电台，他又联合国内各部门的气象台站，开创了中国气象预报信息的广播业务。

竺可桢从1936年4月起出任国立浙江大学校长，仍兼任气象研究所所长至1944年1月。他任校长后不久，日寇侵略的烽火已燃遍大江南北。危急中，竺可桢领导浙大师生颠沛四迁：从杭州首迁浙江建德，继迁江西泰和，再迁广西宜山，最后到贵州遵义、湄潭，其路线与红军长征有不少重合，行程达5000里。他垂身示范，为浙大付出了亡妻失子的沉痛代价，带领师生员工和家属，冒着敌机轰炸和追截，拖着全校图书和仪器设备，一路上坚持开展教学和研究工作，而且为地方承办力所能及的好事，后人

称这是"文军长征"。竺可桢领导的浙江大学,以"求是"为校训,以正确的教育思想、求是精神,紧密地团结了一大批教授和员工,百折不挠地进行了奋斗,非但没有被拖垮,而且在极端困难的条件下发展,扩大了规模,从一个只有3个学院的地方性大学,壮大成为拥有7个学院、10个研究所、30个学系,闻名中外的高等学府。浙大学术气息浓厚,学风淳朴,在简陋的实验室里不断做出世界水平的研究成果,被誉为"东方剑桥"。

竺可桢在繁忙的教学和教育行政工作之余,坚持科学研究不间断,取得了大量的开创性成果。他的博士论文《远东台风新分类》,是世界上最早进行台风路径分类的研究成果之一,奠定了我国台风路径分类研究的基础。1931年,竺可桢根据有限的资料,结合我国自然条件、特点,制定了删繁就简的原则,提出《中国气候区域论》,把全国划分成8个气候区域,这是我国最早的气候区划研究工作,至今仍有指导意义。在天气气候学方面,竺可桢于1935年发表了《东南季风与中国雨量》,指出东南季风的强弱是造成我国旱涝的主导因素。竺可桢开创了中国历史气候的研究,1924年发表的《南宋时代我国气候之揣测》,是我国研究古气候最早的著作。他在这方面的研究历时最长,费力甚多,研究的时间尺度不断延伸,内容也逐渐加深。他独辟蹊径,从中国浩如烟海的古代文献中,如史书、诗词、日记、地方志等,结合考古发掘材料来进行气候分析。这种创新性研究,不仅需要深厚的中华民族文化知识作为底蕴,还要依靠科学家持之以恒的敬业精神。他坚持一生,直到1973年发表《中国近五千年气候变迁的初步研究》这篇在国内外享有盛誉的经典之作。竺可桢又是我国为数不多的研究物候学的科学家,从20世纪20年代起即亲自观察物候变化,几十年如一日,使物候学的研究服务于农业生产。此外,竺可桢与涂长望、吕炯、张宝坤等合作,编辑出版了《中国之雨量》和《中国之温度》,是我国近代气象事业发展初期记录年代最早、台站数量多、内容完整、数据可靠的气象基础资料,也是我国独立自主发展气象事业的历史见证。

1949年11月,竺可桢出任中国科学院副院长。他早年的助手涂长望任中央气象局局长,他早年的研究生赵九章任中国科学院地球物理研究所所长。

竺可桢发挥两个单位各自的优势，支持和推动他们开展部门间合作，使我国气象事业不断登上新的台阶，为我国气象事业现代化打下了扎实的基础。

1956年，竺可桢在意大利参加国际科学史协会第8次研讨会

竺可桢在中国科学院工作到生命的最后，对我国科学事业，特别是基础研究做出了很大贡献。他是我国自然资源综合考察事业的奠基人，提出关于"要开发自然，必须了解自然"的指导思想，组织全国有关科技人员，开展了大规模的综合考察研究工作；他自己也几乎走遍了除西藏和台湾以外的各个省（区、市）。从黑龙江到海南岛，从黄河口到新疆天山，从沟壑交错的黄土高原到高山冰川的前沿，无论是荒芜的沙漠戈壁，还是热带雨林，到处都留下了他的足迹。竺可桢勤于野外工作，直接观察各种自然现象，取得第一手资料，又善于向所有的科技工作者学习，从他们的研究成果中提取有用的养分，经过缜密的思考和研究，得出符合客观规律的结论。1962年10月，他在积累大量资料的基础上，撰写了《论我国气候的几个特点及其与粮食作物生产的关系》，分析了我国太阳辐射、温度和雨量3个气象要素的特点，指出我国的粮食生产具有很大的潜力，并批判了亩产几万斤"放卫星"的浮夸作风。这篇论文引起了毛泽东同志的重视，指示"农业八字宪法可以加上光和气"。竺可桢还指出，要注意借鉴美国和苏联的历史教训：20世纪30年代美国把中西部的牧场开垦为麦田，20世纪50年代苏联在哈萨克斯坦草原也开垦了3亿亩[①]农田，结果都是得不偿失，造成了大量土地严重风蚀、"黑风暴"肆虐、连年干旱的惨痛局面。竺可桢说：

---

① 1亩=1/15公顷，下同。

"'前车之覆,后车之鉴',我们东北和内蒙草原地区不能再蹈此覆辙,必须种植草地,使之成为牛、羊、马、骡的乐园,而不能大面积开垦,任风吹荡。"竺可桢的这些思想,正是今日可持续发展战略的灵魂,遗憾的是,他的建议并没有引起足够重视,最近北方沙暴盛行,充分说明了竺可桢的远见卓识。

竺可桢留给后人的精神财富很多,除科研成果外,他的道德风貌和人格魅力,一直在科教界广为传诵。竺可桢是一位杰出的爱国主义者,中华民族科教兴国的先驱。他平生经历了清末、民主共和、军阀混战、日寇入侵、解放战争和新中国成立以后社会主义建设的不同历史阶段。任何时候,他都从维护国家和民族利益出发,希望通过兴办科学教育事业,给社会和人民带来复兴的希望。他十分珍惜和爱护人才,求贤若渴,无门户之见。他在担任浙江大学校长期间,把年方28岁的谈家桢、26岁的吴征铠聘为教授,在各个大学里被传为佳话。竺可桢认为,教授是办好大学的首先要素,他对教授用其所长,充分发挥他们在学校里的灵魂作用;对他们的工作和生活给予体贴入微的关心,使他们没有后顾之忧。苏步青教授子女多,家庭生活困难,竺可桢闻讯后就多方面给以帮助。旧时国立大学校长在社会上享有相当高的威望,竺可桢从不以势压人,相反总是谦逊待人。众多学生包括不相识的人给他写信,他总要亲自回信,写信时他不用公家信纸信封,署名时对学生总是自称"友生"。竺可桢有记日记的良好习惯,从青年时代起,直到临终前一天,坚持不辍。节录出版的《竺可桢日记》,从1936年起,累积起来达850万字左右,是一部中国近代科学、教育事业发展的真实记录,也是国内外社会大事的具体见证。人们以"滴水石穿"来比喻竺可桢孜孜不倦地发展科教事业的毅力、决心和严谨的治学态度,我们应该以他为榜样,发扬他倡导的"求是"精神,努力做好各项工作,迎接振兴中华的明天。

(原文刊载于《气象知识》2000年第3期)

走向南极——我是秦大河

文 / 秦大河

序章

我的名字

1947年1月4日,我降生在位于黄河之滨的兰州市。也许是由于这个原因,父亲给我取名叫大河。

人的一生中,有许多奇妙的巧合,这些巧合,使人的命运也变得奇妙起来。朋友们相聚闲聊时,都说我的名字起得有趣,好像我命中注定要和冰川打一辈子交道。这些话听起来不无道理。我的名字叫秦大河,考大学被录取在地理系。后来,又和冰川结下了不解之缘,而"川"这个字,本意是"河"。"冰川"这个词,在日文里写作"冰河"。"川"与"河",在词义上确也相通。你说巧不巧?不过,这些都是现在才联想到的,否则,我岂不成了未卜先知的天才?我根本就不是天才,天分并不比别人高,如果不是生在一个比较好的环境里,遇上了一个能够安心学习的稳定的时代,使我能够很顺利地读完小学、中学的全部课程,打下一个牢固的基础的话,我大概不会有机会从事我现在的工作,更不敢奢望踏上南极冰盖。

大学几件事

1965年秋天,我踏进了兰州大学的校门,学习地质地理专业。进入地理系后,注意到系里的老师、同学们对锻炼身体抓得很紧。学地理的人,一辈子都要与山川河流打交道,没有好身体可适应不了。系里一位老教授,当时已是60岁的人了,每天坚持锻炼,野外实习,爬山如履平地,我很羡慕他。于是定下一个目标,像他那样练就一个好身体。从此我不管天阴天

晴，天冷天热，每天都练长跑。时间久了，特别是"文化大革命"期间，学生根本没人管了，早操也没人组织了，但我仍然坚持，有的同学觉得我有点傻，说我神经病，这年头每天大清早还起来跑步，跑的什么劲儿？我照练不误。当时我锻炼身体是一个目的，锻炼意志和毅力是另一个目的。我倒要看看，在别人不干的情况下，我到底能坚持多久？我在大学期间的身体锻炼和毅力锻炼，并没有白费功夫。我这次横穿南极，开头一个月几乎是跑着前进的。可以想象，在那恶劣的生活环境里，如果没有我年轻时练就的长跑功夫，没有毅力，没有坚强的意志，恐怕很难坚持到底。

我进校的第3个秋天，"文化大革命"已进入最疯狂的时期。学生不上课，老师被打倒，当时流行口号是"知识越多越反动"。我们系六六届毕业生在分配工作时，不少同学一气之下将大学5年的课本和所读过的书籍全部扔进了垃圾堆。看到他们把那么多好书扔进垃圾堆，我觉得十分可惜，不顾别人奇怪的眼光，从垃圾堆里把那些书捡回来。没想到，这些书在10年以后我报考研究生时，起到了意想不到的作用，派上了用场。

1969年，我被分配到甘肃平凉农村劳动，同本系教经济地理的王焕龄老师住在一起。王先生没有给我带过课，对我不太了解，光知道我是学生。开始，我们师生之间从不谈任何事情，说话极少。白天下地劳动，晚上王先生就着煤油灯，学唱样板戏。我晚上没事做，心里着急，就拿出一本《政治经济学》教科书看，但心里很不踏实，生怕王先生向别人透露。几天后，王先生没有什么反应。

这本书是讲价值规律的，我有很多不理解的地方，最后实在憋得没办法，就壮着胆子向王先生请教。谁知，王先生来了精神，他睁大双眼，认真地说："这样吧，你有什么问题，只需告诉我第几章、第几节、第几行就可以了。"我心想："这么神？先试试您。"于是随便说了一处页码。他略加思索后说："那一定是第几章第几节了。"于是他滔滔不绝地给我讲解起来，精辟的分析、严肃的态度，简直犹如在讲坛上。我佩服得五体投地。在王先生的精心辅导下，我读完了这本书。王先生给我的一句鼓励话是："好好学吧，你现在是我见到的系上唯一的一个还在读书的学生。"

我的妻子周钦珂是我中学时的同级同学。我当学生会主席时，她是文体部长。我们因工作关系，比较熟悉和了解。她很聪明，学习非常好。高中毕业我考入兰州大学，她考入兰州医学院。

大学毕业时，钦珂因病住院了，因此推迟分配3个月。我当时分到了甘肃省农村宣传队和政县分队，那里的生活环境比较艰苦。她出院后，学校将她分配到兰州市永登县的农宣队。谁知，面对这么好的条件，钦珂一点也不动心，直接找到了甘肃省农宣队办公室，要求去和政县分队。办公室的一位同志说：把你分到永登县完全是为了照顾你有病的身体，我一笔就可以将你勾到和政去，可你想再回兰州就不容易了。但钦珂执意要同我在一起。我们结婚后，我才知道这件事。她平静地说："我知道和政艰苦，我也知道我的身体不好，但要苦，我们俩人应该苦在一起，两人一条心，黄土变成金嘛！"我当时听了她的话，感动得流下了眼泪。

钦珂现在是甘肃省人民医院的主治大夫。她一直支持我的事业。近10年来，我经常在野外工作，在家里只过了一个夏天，钦珂承担了全部的家务和对孩子的教育。儿子小时候总是问钦珂："爸爸长得什么样子？"对妻子和孩子，我总有一种内疚感。

我的志愿

那还是在大学一年级时，我在系资料室里翻阅期刊，偶然在1964年的《地理学报》上发现了施雅风和谢自楚写的《中国现代冰川的基本特征》这篇文章。我在中学时就知道了施雅风这个名字，他考察希夏邦玛峰的事迹刊登在报纸上。我把那篇论文仔细地读了一遍，虽然是生吞活剥、似懂非懂，但我非常感兴趣，可以说是"一见钟情"吧！自从我读了那篇文章，冰川学就深深地扎根于我的心田了，它时常萦回在我的脑海里。三年五年，十年八年，它始终如梦幻般地吸引着我。

在和政县教书期间，我一边教课，一边注意着冰川学研究方面的进

七彩人生

展。1974年放暑假,我住在兰州的姐姐家。拜访施雅风、谢自楚的想法又向我袭来了,过去几次都因为找不到引荐的人而放弃,这一次,不管有没有人引荐,我一定要见见他们。我大着胆子来到了中国科学院兰州冰川所的传达室。因为我谁也不认识,进门就说:"我想找一下施雅风和谢自楚。"传达室里的看门人说:"施雅风出差了,谢自楚在,可是今天是星期天,你明天来吧。""我到他家去找。他家住在哪里?"我不甘心地问。传达室的看门老同志见我很是急迫,就告诉了我具体的楼号和门牌号。我找到谢自楚的家,敲开门,见一位五十来岁的人正在和一个六七岁的小姑娘讲话,小姑娘因生病发烧正在她爸爸怀里撒娇。他堵在门口问:"你找谁?""找谢自楚。"我说。"我就是,你有啥事?"他问。我见人家不热情,怕发生误会,就急忙自报家门,说对冰川学很感兴趣,想学习学习。没想到,谢自楚的态度马上变了,大开房门,十分热情地请我进到屋里。

谢自楚当时已经是位有名的科学家了,但住房却很差,只有一间屋子,连自行车都没地方放,只能斜着摆在屋子当中。我勉强找了个凳子坐下,和他交谈起来,越谈越投机。最后,他感慨地说:"现在根本没有人想搞冰川,都认为干这行太苦,你却自己找上门来,我真高兴啊!"接着,他又询问我的学历和专业知识学习情况,并记下了我的工作单位和名字,临走还给了我一些冰川学方面的资料。

没想到,那次毛遂自荐竟成了我人生道路上的转折点。那时候调动一个普通业务人员,尤其是从县调进地处省府的科学院,可不是一件轻而易举的事。谢自楚先生骑辆破自行车到处反映情况,四处游说,历时几年。

1978年5月,我被调进了冰川所。当时,我考研究生的初试也已通过了。两个月后,我通过了研究生复试,考取了兰州大学地理系李吉均教授的研究生。李教授考虑到我今后从事专业的需要,在冰川气候变迁方面教会我许多研究方法,这些知识,在我的南极科学考察中起了很大作用。

1980年10月,我获得硕士学位,返回冰川所工作。

两下南极

南极是冰川学家的圣地。对一个冰川学者而言,南极是最理想的研究对象。20世纪80年代初,中国因改革开放的政策而繁荣昌盛起来,我国老一辈冰川学家施雅风教授等科学家联名上书,提请政府把目光投向南极。他们认为,这是反映和衡量我们中华人民共和国雄厚国力的标志。党和国家领导人非常重视这一建议,成立了中国南极考察委员会。

1982年,谢自楚教授在南极考察时向中国南极考察委员会推荐,可否派秦大河到南极考察。

1983年9月,我到达澳大利亚。在澳大利亚国家南极局冰川室低温实验室做适应性研究。

1984年元月,我登上飞机,向目的地——南极洲飞去。

1985年2月,中国第一个南极基地长城站建成不久,我的第一次考察任务完成了,3月下旬我回到澳大利亚,在澳大利亚冰川局进行总结性研究。这一次,我发现澳大利亚人对我的态度大变。实验室的负责人热情的态度溢于言表,当我去复印一些资料时,他把资料抢了过去,声称:"这种事,交给工作人员去干吧。秦,你是一个科学家,你应当坐下来完成你的研究。"随即指派两个助手协助我办理那些电脑资料输入、复印之类的事务,我很纳闷。后来听说,我在南极工作的那一段时间,他们收到我的许多电传资料,发现了我的科研潜力。1986年夏季,我参加了中德联合考察世界第二高峰乔戈里峰的一个冰川科学考察工作。当我登上这座举世闻名的冰川,在白雪皑皑的山顶,向南望去时,眼前似乎又浮现出了南极的冰川。那年,我正在申请一个南极项目。

1988年4月,我获准第二次到南极考察。这次我将在中国的长城站越冬,担任中国南极考察队副队长兼越冬站长。

抓住机会

5月的一天,我和北京通话时,意外地听到了一个消息。那是1986年

1987—1988年，担任中国第四次南极考察队副队长兼长城站越冬站站长的秦大河

夏季的一个夜晚，在北极率队徒步探险的美国人维尔·斯蒂克和独自一人徒步到达北极点的法国人让·路易斯·艾蒂安不期而遇。这两位老牌探险家兴奋地在帐篷里谈天说地，彻夜未眠，诞生了一个大胆的设想，即组织一支国际横穿南极探险队，徒步征服南极。他们的动作真快，北极晤面之后，就到处游说，集资1100万美元赞助，于1987年组织了美、法、英、日、苏5国参加的横穿南极国际考察队，并已在格陵兰大冰盖地区进行了2700公里的长途拉练。我在电话中得知，路易斯·艾蒂安正在北京，他的任务是与中国南极考察委员会签订一个合同，邀请一名中国人参加国际探险队。听到这个消息我很震惊，认为这是千载难逢的机会。经过慎重思考，感到我自己有这个实力。当晚给北京发了电传，向北京报名，又来了个毛遂自荐。

1988年12月，我突然接到北京一个神秘的电话，让我量量身体各部位的尺寸。我预感到将有什么事情发生。第2天，翘首以待的好消息终于从北京传来。北京通知我将工作移交给课题组同志，立即回国参加国际横穿南极科学探险考察队的活动。

1989年5月，当我兴致勃勃回到兰州后，家中却出了意外。妻子周钦珂在她工作的医院外遭遇车祸，肋骨骨折，被人抬到了病床上。而我只能在兰州待一周时间。看着妻子昏迷的面容，我心如刀割。这时，北京已得知我妻子出车祸的事情，他们打来电话询问，并表示如果实在脱不开身，可考虑放弃。

钦珂清醒过来以后，问我什么事，我只好如实"汇报"。她说："这已不是我一个人的事，也不是我们一家子的事，而是中国的事情。要是你大河不去，联合考察队中就没有中国的国旗。"当我听到她说"你放心地去吧，不要为我担心"那句话时，眼泪直在眼眶里转。在兰州只待了10天，我便匆匆地登上了去美国的飞机。

签生死文书

我到了美国一个名叫伊利的小镇,这里冰天雪地,和南极差不多。其他5名队员和狗早已到达这里,我将要在这里接受两个月的强化训练,学会驾驶狗拉雪橇和滑雪。狗拉雪橇我很快就学会了,但滑雪直到训练结束也未学会。

一天,队长让我去看口腔医生,检查的结果是要我拔掉10颗牙齿,我大吃一惊。但他们说,要在极地活下去,必须摄取足够的营养,必须吃下干缩食品,牙齿第一,探险中牙齿出了问题谁给你治?要么拔牙,要么不去。我想,不能因10颗牙而因小失大,心一横,10颗牙就被拔掉了。

外国人考虑问题很是周详,牙齿拔掉,算是一种预防性措施。更绝的是要我们在探险的合同上签字,那合同写得十分细致,条件也很是苛刻。比方说到人身保险,合同条文是:"如果因为探险而死亡,考察队仅按国际民航的规定付与赔偿费,不负任何责任""如果你因为参加横穿南极活动而丢失身体的某个部位,赔偿不得超过这个赔偿费用的10%""如果你受伤,不能参加横穿南极活动,考察队只负责将你抢救以后送回你的国家,不负担任何医疗费用",等等。合同文本在临出发前夕又变动了多次,但目的都是以防不测。

这无疑是一纸生死文书。我记得好像在什么电影中看到过这种场面。此时此刻,面对这几张纸,大家都变得严肃起来,平素那种嘻嘻哈哈的景象不见了。6个人都认真地阅读那些可怕的条文,然后庄重地拿出笔来,签上了自己的名字。

在那个关头,我并没有多想自己会怎么样,我认为死伤的概率对大家都是相等的,我秦大河福大命大,一定不会遭此大难的!何况,人活一世,总得有死的结局,万一牺牲,也是壮烈的死,总比那种平庸的消亡好得多!人不应当害怕死亡,他们应当害怕的是未曾真正地生活过。

一切准备工作就绪后,我们就乘坐飞机向探险的起点飞去。

今天,探险已不再是十几年前的禁区。对于职业探险家来说,路线的

设计要有创造性,要有难度。对于普通人来说,走别人走过的路未尝不可,因为这条路对于每一个个体来说,依然是全新的。我们支持探险的行动,我们更希望探险中培育出的精神能激发人们在各自岗位上对未知领域的跋涉。

探险,不仅仅在路上。

前进

1989年7月16日,我和探险队的其他5名队员、42条狗登上了1架苏制伊尔–76型大型运输机,机身上贴着美、法、英、苏、日、中6国的标志,分外醒目。随机乘坐了20名各国记者,外加40吨探险物资。飞机离开美国明尼苏达州,途经古巴、阿根廷、智利,飞往南极。中途逗留古巴时,有2条狗死了,是热死的。原来这些狗不适应热带的气候,它们浓密的皮毛是专门用来适应北极寒冷的天气的,到了中美洲,就像活鱼掉进了滚开的水中一般,受不了啦。

我们的飞机于7月24日抵达南极半岛乔治王岛智利空军的马尔什基地。

从飞机上向下看机场,能见度很差,400米外什么都看不见。按照常规,飞机在南极着陆要试降几次,我们焦急地等待飞机安全着陆。

突然,感到飞机剧烈一震,苏联机长报告,飞机已经着陆了。当大家走出飞机回头一看,才发现那架运输机有点不对劲。机场跑道被飞机砸出一个近1米的大坑。我暗想,不愧是苏联货,坚固无比,要是换上别的客机,我们可能就要演出一场"火海余生"了。后来听说,这架运输机返回苏联后,因机件受损太大而被迫报废。

中国长城考察站的全体同志和一些外国科学家跑上来欢迎我们。长城站距机场只有2公里,在这次穿越行动中,中国长城站免费负责提供后勤通信保障。

此次行动准备非常充分,国际上赞助的1100万美元中,开支300万美元在法国建造了一艘探险船,这艘船装备有现代化的通信导航设备。探险行动开始后,船上的沙特阿拉伯科学家配合穿越行动,环南极洲航行,进行海洋科学考察工作,并与我们保持联系。另外,还花200万美元租用了国际南极探险网的飞机,负责食品补给。为探险准备的食物也很可观,人的食品约1万磅,狗的食品约2万磅。国家自然科学基金委员会还专门拨款8万元人民币,资助我的行动。

探险队成员

我们的探险队,乃是一支精悍的6人小组。我们分属6个不同的国家。

美国:维尔·斯蒂克,1944年8月27日生,美国著名的极地探险家,毕业于大学地质系,当过初中教师,他现在是美国明尼苏达州北部的一个农场主。他从21岁开始参加探险活动,拥有数十只良好的极地狗。他在北极已有近23000公里的狗拉雪橇探险经验。对于他来说,探险是他的人生。他是这次探险队发起人,担任此次行动的队长。

法国:让·路易斯·艾蒂安,1946年12月9日生,职业是内科医生。多年来热衷于极地探险,1986年只身一人拖着小雪橇步行到北极点,使他在法国声名大振。是他首先邀请中国参加探险队。他也是这次行动的发起人,担任队长。

苏联:维克多·巴雅尔斯基,1951年9月16日生,苏联北极研究所地球物理研究室无线电、冰川学博士。他多次在南极越冬,住过苏联南极东方站。在这次行动中,他负责气象、臭氧层观测,报告天气趋势。他和我一样,是有科学考察任务的队员。

英国:杰夫·沙莫斯,1950年2月19日生,曾在南极工作和生活过33个月,在这次行动中负责导航和后勤。他是我们之中唯一没有受过高等教育的队员,但是,他用古老的六分仪导航的精度,几乎与先进的卫星地面测量仪器相差无几,使我们大为惊叹。

日本:舟津圭三,1956年11月9日生,大阪大学商学院毕业,经济学硕士。他酷爱探险,曾骑自行车环绕美国,还横穿过撒哈拉沙漠。他这次

主要以驯狗师的身份出现,在这次考察前,还专门学习了2年狗拉雪橇驾驶技术。

中国:秦大河,1947年1月4日出生,中国科学院冰川冻土研究所极地冰川研究室副主任、副研究员、所长助理。我在这次行动中承担现代冰川特征、雪层剖面和采集雪样3项科学考察工作。

我们的探险队自然还包括42条北极狗。它们的任务是拖拉3台雪橇,上面载着帐篷、设备、仪器和食品。

我们的衣食住

队员的衣服是特制的,使用一种昂贵的化学布料,轻、保暖,而且透气,表面上看很单薄,穿在身上却很暖和。队员住的帐篷也是用这种布料缝制的,长度有2米多,通常住2个人。

考察期间使用的燃料是一种纯度很高的可燃液体,用一种类似汽油炉的炉子点燃,既可烧水、做饭,又可以用来取暖。在气温 – 30 ℃的环境下,帐篷内上部的气温可达17～18 ℃,可是夜里睡在睡袋里,身下的温度仍然是 – 20 ℃。每天早上起来,10个手指头冻得发麻,无法伸直,只能一个一个掰直。

探险队员的食物很简单,主食是一种压缩食品,队员们每天要摄取6000大卡的热量。尽管这种东西很难吃,还是得强吞下去。以至于探险结束后,队员们连这种食品包装袋都不愿意看见。

尽管气候非常恶劣,但我们队员最亲密的伙伴——北极狗,仍然住在帐篷外,每天早上起来这些狗好像消失了,因为它们的身上吹满了雪,只有一个黑点露在外面,那就是它们的鼻子。

日程表和作息表

探险队的全名叫"国际徒步横穿南极科学考察探险队"。行动计划是经过3年酝酿定下来的,原计划是1989年8月1日从南极半岛顶端出发,10

月16日越出半岛，进入腹地，11月23日到达南极点，再穿越1250公里长的"不可接近区"，于12月31日赶到苏联东方站，在1990年2月7日到达终点——苏联和平站。途中包括17次休整。

原计划用191天时间到达终点，而实际上，我们的行动提前了7天出发，晚了24天到达，共用了220天。只有作息表却很精确地被执行着。

这张作息表并不完备，实际上每天早上5：30我们就得起床，做饭取暖需要1个小时，吃得很多，还要喝1～2升水。吃完早餐，就急忙折好帐篷，套好狗橇，8：30就出发了。滑行4个半小时，到13：00休息，露天在暴风雪中喝一点饮料。午休半个小时后，又开始滑雪，又是4个半小时，一直到18：00。接着就是寻找营地，搭帐篷，

作息表

时间	活动
6：00	早餐
7：45	套狗橇
8：30	滑雪
13：00	午餐
18：00	寻找宿营地
18：00—19：00	搭帐篷、喂狗
20：30	晚餐
21：00—22：00	做记录、恢复体力、聊天
22：00	睡觉

喂狗，做晚饭。我通常在这个时候挖雪坑采雪样，要花1～2个小时。一直折腾到22：00以后才能入睡，我入睡前还要记一些日记或者录音日记。

出发

1989年7月28日清晨，随着队长一声号令："前进！"急不可待的北极狗一跃而起，拖动雪橇向前冲去，队员们头也不回地向南极腹地奔去。

南极是一个神奇的地方。这里气候违反常规，是世界上最寒冷的地方，年平均气温为-50 ℃，但在夏季，半岛沿海地区最高温度可达零上10 ℃。在海边生长着一些地衣、苔藓，没有树木，仅在盛夏能看到1～2种美丽的小花。海边还有企鹅、海豹、海象、海鸥，但在内陆几乎没有生

命。那里有世界上最清新的空气，没有环境污染，没有尘世的喧嚣，像一个世外桃源。

南极洲上有2000米以上厚度的冰盖，南极洲的面积为1410万平方公里，冰盖的面积就占了1256万平方公里。南极洲储存了世界上86%的冰，是亿万年积雪堆积而成的。但那里又是世界上最干燥的地方，年平均降水只有30～50毫米。内陆地区积雪平均约100米厚，往下的积雪已变成了冰，形成冰盖。那里没有河流，只有冰川。

令人印象最深刻的是南极的风，最大风速70米/秒，瞬时最大风速可达到100米/秒；风速在10米/秒以上，就形成暴风雪。南极考察人员发生死亡的最高纪录是暴风雪造成的，南极的暴风雪是最可怕的敌人。如果在暴风雪天气从帐篷里出来的话，一定要把帐篷的拉链关好，否则在一两分钟内，雪就会把帐篷灌满。而且人要退着走，走两三步看看帐篷，如果看得见帐篷，可以再退几步；如果发现帐篷隐约可见，目的地又无处可寻时，就必须返回帐篷，以免迷失方向而死亡。1986年我在凯西站工作时，有位气象观测人员在刮暴风雪时出去，两个建筑物相距不过30～50米，但他再也没有回来。暴风雪停后，人们发现他的尸体距建筑物只有10米……

优美的"舞蹈家"

在南极徒步探险，必须在雪地里行进，而我却不会滑雪，没有滑雪板的帮助，后果简直不堪设想。可我怎么办？只有一条路，前进！我只能在行进中学习滑雪。开始的几天，我踏在滑雪板上跑着前进，跑不了几步就栽一个跟头。每摔一次，同伴们就无声地点点头，由于每个人都戴着面罩，不知道他们是在笑我还是在鼓励我。法国队长曾幽默地对我说："秦，你是一个优美的舞蹈家。"我明白法国人在评论我拙劣的滑雪技术，而英国人则非常认真地统计着我摔倒的次数，据说每小时达到30次。但他们都友好地鼓励我说，一定会学会的。

一个星期后，我一天只能滑行一个小时，后来逐渐增加。实际上开头的一个月，我就是采取这样跑步式滑雪方式前进的。有时候实在抬不起腿，只能用带子拴在狗橇上，拖一段路，等到体力略微恢复，又开始跳起"优美的舞蹈"。

一个月以后，1989年8月22日——我永远记住的一个日子，我可以全天滑雪了。穿越极点时，法国人改变了对我滑雪技术的评价："秦，你将是中国奥林匹克国家滑雪队的佼佼者。"听到这句话，我很自豪。

暴风雪 冻伤 冰裂缝

8月4日，我们遇到第一场暴风雪，暴风雪的风速是35～40米/秒，我们只能侧着身子前进，每小时只能前进2～3公里。从那天开始整整2个月，暴风雪几乎没有间断。在这种天气情况下，能见度几乎为零。大家都把头整个包在头罩里，只有我例外，因为我还戴着不能丢掉的近视眼镜。风雪从眼镜框上边钻进头罩，使眼皮和脸部原来就有的冻伤更加严重，只感到眼皮肿得像一扇沉重的门板。眼睫毛上的冰雪先结成一片，然后合并成几粒黄豆大小的冰球，一眨眼，就打得眼镜叮当作响。宿营后，回到帐篷很久才会融化。

说来也怪，在这种-30 ℃以下的暴风雪中，我们穿的很少，我只在外套下穿2套绒衣，仍然能够支撑。不知是习惯了这种寒冷，还是运动量太大的缘故，我也说不清楚。

永无休止地前进，永无休止地滑雪。当我学会滑雪后，就可以轻松地踏着节奏前进了。队员们全速前进，相距甚远，有时首尾长达2公里，周围只有呼啸的暴风雪，还有急驰的狗群。茫茫雪地，一片混沌世界……

8月25日，我们终于通过了500公里长的拉尔森冰架，跨出南极半岛，进入真正的南极腹地。前面是150公里的冰裂隙地区。说起冰裂隙，在南极冰盖上随处可见，它是冰盖在冰川运动下形成的一种裂隙。有的几米深，有的则深不可测，即使是在无风的天气下也很难被发现。因为积雪会在表面形成一个盖子，把这种危险的裂隙掩盖起来。我们在滑行的时候经

常感到脚下一沉，回头一看，身后会露出一条冰裂隙来。开始老觉得庆幸没有掉进去，后来也就习以为常了。

在冰裂隙地区，我和杰夫·沙莫斯在前面开路，滑一步，用冰镐探一下，再滑一步，好像探地雷一样，后面的队员在我们身后严格地按照我们的足迹前进。这样，一天只能前进15公里……

人有滑雪板，压强比较小，可是狗就没有那么幸运了，跑在最前边的狗，至少有5次掉进冰裂隙里。有一次，狗掉进冰裂隙，路易斯·艾蒂安下到7米深的冰缝中把那只可爱的狗救上来。

天气更坏了。有10多天我们被迫宿营，停止前进。在能见度为零的茫茫风雪中，从这个帐篷走到那个帐篷，还得在身上拴上绳子，以免走失。

9月到了，整月暴风雪不停。上旬的一天，抵达前站的我和杰夫·沙莫斯与后面的队员失去了联系。我只好集中了雪橇上的所有绳子，连接成一根长长的绳索，拴在雪橇上，像驴推磨那样旋转着找。足足用了2个小时，我们才找到同伴。

在这里，我们才真正体会到友谊和团结的精神所在，我们6个不同国籍的人，团结得像一个人一般。每天从出发、休息到宿营，队长没有向谁大声呼喊发号施令，但大家都听从队长的指挥，保持严明的纪律。谁有了困难，其他人总是无声地前来帮助，不管自己多么劳累。我从他们身上学到了很多东西，在最困难的时候，谁也没有气馁，大家都伸出援助之手，友谊和团结使我们无往而不胜。

极点

生日宴会

说我们探险很艰苦，那是事实，但我们自有乐趣。我们每次休整，都会举行一次"国际宴会"。晚上，大家挤到一个帐篷里，拿出饮料，煮上热茶，唱歌、聊天，气氛热闹。歌声打破了死寂的冰雪世界，好一曲征服大自然的战歌！虽然我们没有酒，也没有豪华的房间陈设，但那种友好和谐的情感却是世界上最真切的。

我们所有队员的生日都在探险中度过。谁要是过生日，必然举办一次宴会。上帝把我们的生日安排得十分均匀：8月，美国人；9月，苏联人；11月，日本人；12月，法国人；1月，中国人；2月，英国人。每一次生日宴会，总是要唱《祝你生日快乐》那首家喻户晓的歌，然后是生日祝辞。舟津圭三给法国人的祝辞是："路易斯·艾蒂安，因为你是属狗的，所以你参加了这次有狗的国际探险队。"日本人也和中国人一样讲究生肖八字。按照中国农历，路易斯·艾蒂安和我一样，都是狗年出生。我心想，秦大河同样有此天命！苏联人维克多十分风趣，每次过生日，他总是献上一首颂诗，歌颂你的"丰功伟绩"。逗得大家开怀大笑。给我的诗用长长的纸条写成，打开像一本奏折。这种用英文写的诗越写越长，最晚过生日的人成了最幸运的人。维克多是一个多才多艺的人，他除了会写诗外，还会谱曲。在他自己过生日那天，为他自己谱写了一首歌曲，我们在他的带领下，现炒现卖，大声齐唱这首世界上最动听的生日祝福歌。

我们一直在想，维克多的多才多艺是否和他爱喝酒有关呢？在横穿南极第100天的宴会上，维克多突然宣布他"偷运"了一瓶白酒，正当大家兴高采烈欢呼时，维克多却在一阵翻箱倒柜之后，遗憾地摊开双手："不见了！"原来他藏的"私货"早被补给飞机当作多余物资运走了。大家只好以茶代酒，欢快一番。英国人杰夫·沙莫斯最为细心，他出发前带来了5张生日贺卡，每次别人过生日，总是郑重其事地写上贺辞，恭而敬之地送给你。

生活就是这样美好，当一个人过生日时，总是感激父母养育之情。在我过生日的时刻，爸爸妈妈的身影长久地浮现在眼前，好像他们就在面前一般。我想起了年迈的父亲，他虽然不大过问我们子女们的事，但他以自己的品德影响了我们。他教导我们的只是为国家工作。他认为他的孩子们不可能是天才，但他们却能够放心地工作。

最关心我的母亲一定在家中念叨她的儿子吧！我想到离开家时，您

七彩人生

再三说要把衣服穿得厚厚的,千万不能感冒受凉。我虽然没有遵从你的意愿,穿得很少,但至少没有天天感冒。是您的教育使您的儿子插上了理想的翅膀。您的儿子一定会平安地回到您老人家的身边。

饥饿的9月

9月,在中国人心目中是收获的季节。到处一片金黄,瓜果飘香。可是在我们的行程中,9月却成了灾难的季节。没完没了的暴风雪使我们的行进日程不得不一再拖延。这里的雪太软,有时我们每天只能行进3公里。为了争取时间,赶在寒季来临之前到达终点,队长下令轻装前进。我们不得不把价值十几万美元的衣物、设备埋进一个大坑里,每人只留2套衣服,以便带上所剩无几的食品轻装前进。

我们的食品补给是飞机预先运送到指定地点的,这种地点叫"食物储存点"。每250～600公里一处。每一处存放足够每人20天、每只狗10～15天的食品。在储存点上用挂旗的铝制标记作出标示,以便寻找。可是有时因为暴风雪仍然找不到这些标志。有一次2个储存点都没有找到,大雪掩埋了一切。我们只好用无线电呼救。

我们有一台功率20瓦的无线电通信机。偏偏它有一个月几乎失灵。好不容易来了救援飞机,但由于能见度太差,我们明明听到飞机马达的隆隆声,他们却看不见我们,无法着陆。该死的飞机在头顶盘旋一两个小时又扔下我们不管返回去了。想着那条悠哉航行在南大洋的探险船,它的现代化通信设备有什么用,大家直咒骂。法国队长苦笑着摇头,因为那条船是他监造的。

我们开始感到饥饿。从8月起2个月来,体力一天不如一天,整天觉得饿。有时滑雪的路上还想着吃一顿家乡兰州的面条,该是上天堂一样的滋味了吧!

这时全队的食物只能再维持2天,人的口粮只能维持4～5天,狗则只能维持1～2天。我们不得不限制到每天吃定量的1/2,狗只有1/4。那些狗饿得可怜巴巴。晚上拉开帐篷向外看去，几十双绿森森的眼睛闪着寒光。我们不得不采取防范措施，在睡觉前将它们牢牢地拴在雪橇上，谁知道这些爱斯基摩狗和森林野狼的后代会干出些什么蠢事来！

老天有眼。有一天，天空突然露出几个蓝色的洞来，飞机终于在特大风暴前的间隙及时降落了。考察队又一次得救。食品又有了，可是有16条狗严重冻伤，不得不空运回基地治疗，用新的狗替换。

飞机还给我带来了北京蜂王精和一盘录音磁带。我听到了长城站的14名越冬队员的声音。每个队员都讲了一句话。有一句话是："大河，知道你现在饥饿感很强，我们恨不得把长城站所有好吃的东西送来！"我咧嘴直笑，使杰夫·沙莫斯大吃一惊，以为我在发傻。其实我想的是，在最困难的时候，我的同胞们没有忘了我，我感受到了祖国这个强大的后盾，在支持着我。

特大暴风雪果然来了，10月中旬，我们越过雷克斯山，在接近寒普尔时，气温下降到 –35～–45 ℃。我的冻伤再次加重，感到绒裤面罩也不能保温，真后悔把那么多衣物埋在雪地里。

第一次看到自己

又是半个月风暴，11月7日那天，我们到达帕特里山，远远看到两顶巨大的帐篷，那是国际探险网建造的营地。我们将在这里休整3天。我屈指一算，这天是出发后的第104天。维克多格外高兴，哼起了苏联民歌。我想起来了，今天是苏联十月革命节。

营地为我们准备了丰盛的晚餐，探险网的成员让我们先去讲讲卫生。指着帐篷说，那里有热水，可以洗澡。

说起洗澡，104天来还是第一遭。6个人中只有维克多是例外。他有用雪擦澡的绝活，无论什么情况，睡觉前都能赤身站在雪地里，用洁白的雪猛擦那健壮的身体。其他5个队员只能望而兴叹。

我们轮流进入帐篷，站在雪地上，头顶上是一只热水袋。我第一次看

见自己的身体，吃了一惊，往日的秦大河不见了，眼前是一个瘦骨嶙峋的身躯，皮包着骨头。这时，我第一次感到了泄气的滋味，但一刹那就过去了，头顶的热水兜头浇下来，畅快无比，我也清醒了过来。当然，我秦大河毕竟是秦大河，一条山东硬汉。合同条文这样规定：任何人只要说一声回去，飞机就可以运你走。我会说这种话吗？不会，绝不！因为我代表着中华民族，中华民族是绝不走回头路的民族。

过过磅，体重82公斤，比出发前减少了15公斤。于是拼命大啖那些可厌的食品，强令自己恢复体力。为了什么？为了我敬爱的祖国。在那些最困难的日子里，祖国这个词成了我最先想到的概念。我有时简直把自己变成了中国的一小条河流，有谁能把我与祖国分开！在这特定的环境下，我就是中国，而中国是不可战胜的。

到达极点

短暂的3天休整过去了。我们又精神抖擞上阵了。

我们以最快的速度，比原计划提前8天，于12月12日到达到南极点。南极点是地球最南端的地理零点坐标。要叫它是天涯海角，最为恰当。但这里比海南岛的"天涯海角"要朴实得多。冰雪高原上，树立着一个1米来高的树桩似的金属标记，顶端是一个地球模型。

在它的周围环列着1959年参加国际南极条约的成员国家的12面国旗，在风中哗啦啦作响，分外鲜艳。200米远的地方，是美国建立在南极点的阿蒙森—斯科特站。这是为了纪念那两位人类最先到达南极点的勇士而命名的。

6名国际探险队员各自拿出自己的国旗，一字儿排开，站在这里，面带胜利的微笑，听任提前赶到这里的记者们拍照。

这是一张多么珍贵的照片，伟大祖国的五星红旗第一次出现在南极点上！我激动得不知说什么好，心里默默地念着："中国！中国！中国！"

阿蒙森—斯科特站的美国人热情地款待我们，在这里我们吃到了出发以来就无缘吃到的对虾、牛排和猪肉。这时候,沙莫斯突然拿出一个假面具,戴在脸上,他让记者照相,大家哄笑不解。他说,这是专门准备送给侄儿、侄女的礼物。可见这位英国青年用心之细。

我连忙与妻子通电话,报告她这一消息。

"我们已到达极点。"

"我已经在广播里听到了,很高兴。"钦珂平静地说。

"你好吗?"我急切地问。

"我很好,你怎么样?"

"我身体很好,你不用担心。"

"那我就放心了,反正你好了大家都好;你不好,我们也好不了。"这是她常说的一句话,在这时听来却很不是滋味。

我急忙转移话题,大谈这里有多好。心想,这叫"报喜不报忧"嘛。我的面前还有更艰巨的路途呢。

不可接近地区

12月15日,探险队从极点出发向北前进。我们已经走过了55%的路程,登上地球之极点,亲眼看到了那永远在同一高度绕天边转圈子的太阳奇景。横在面前的是1250公里长的所谓"不可接近地区"。

"不可接近地区"这个吓人的名字不知是谁给起的。因为这里人类从来没有徒步进去过。1959—1960年的暖季,苏联派出一支机械化考察队到达过这里,返回后,再没有谁敢进去过。这里海拔3000～4000米,处于南极高原的顶部,空气稀薄,年平均气温在－70～－80 ℃之间。1983年7月,苏联东方站测得一个世界极端最低温度纪录:－89.2 ℃。所以有人把这里称作"寒极"。要想穿越这个地区,必须在寒季(4—10月)之前。探险队精心制定的计划是要在12月21日前后的20天南极的盛夏通过这里。这就是我们急如星火般赶路的原因。

当我们穿越这里时,气温是－40 ℃。很怪,这段路的穿越远没有想

象中那么困难，主要是我们已经成为一支"久经"考验的队伍。1990年1月18日，我们到达苏联东方站。这个站就设在"不可接近地区"的端点。东方站的苏联人用传统的俄国方式欢迎我们的到来。

清脆的彩色照明弹升上天空，接着是黄色的烟幕弹冉冉升起。东方站站长萨沙手里端着一只盘子，上面放着巨大的面包和盐。全体越冬队员列队欢迎。我们在那里享受到了桑拿浴，那是一种用卵石烧红以后再泼上水，利用蒸汽洗澡的方法。一打听，所有苏联的南极站都有这种设备。

当我们离开这里时，东方站派出两台拖拉机为我们"护航"，神气十足，我们信心大增。

2月1日，我们到达苏联共青团站。这里的气温为 -49 ℃，大量狗被冻伤。那些勇敢的北极狗，来到了地球另一端的比它们的家乡更冷的地方，整天奔路不停。除了厚密的毛以外，只能在腰间披上一件薄薄的狗衣。它们小小的脚掌在几千里的路程上磨破了，流出了鲜血。无情的冰粒将鲜血凝结成冰球，挂在它们的小腿上。每到休息时，它们想要用嘴巴咬去那些冰球，便连冰球带毛皮一起撕了下来。看到这些，我们个个都心痛。我们只好把受伤最严重的狗放在雪橇上前进。晚上，驯狗师把个别重伤号带进帐篷精心护理。有几条狗是在行进中放在苏联人的拖拉机上治疗的。它们的性格好像也是从不服输，伤势一旦好转，又立刻拖起雪橇勇往直前。

在这里引用萨迪的一段话不知是否恰当："从外貌看来，人最高贵，狗最低贱。但圣人一致认为重义的狗胜于不义的人。"和我们一起穿越南极的狗，正是真正重义的狗。它们的精神体现了人与自然的和谐，动物对人类的重要性。

胜利

"疯狂的科学家"

探险队里，只有苏联人维克多和我有科学考察任务。要论起劳累程

度,我的更大些。因为沿途每55公里我就要采集一次雪样。

采集雪样是这样的工作程序:先在雪地里挖一个宽约1.2米、长约2.5米的雪坑,有点像地窖的入口,不过只有三级台阶;然后用专门仪器,每隔2厘米取一点雪;最后装入事先净化好的塑料小瓶中。采样的要求很严格,比如,手套是一次性的,用完就得丢掉;口罩只允许用10次;等等。在长达6000公里的路上,我共采集了800多个雪样。

为什么要采雪样?这是因为南极的雪永久不化,在一个剖面上可以采到几十年以前的雪样品。科学家通过分析雪样中痕量元素、微量元素的含量,确定当时全球的气候,进而预测未来的气候。在科学家看来这是一项重要的课题。

要是在正常情况下,对我来说,采样只是"小菜一碟",南极的雪一般比较松软,有个把小时就可以完成任务。但这次非同寻常,我们是在行进中采样。白天,我们要匆匆上路,采样的时间只能在傍晚进行,还有休整时间也是采样的好机会。美国队长非常照顾我,为了在精确距离上采样,不得不一再改变日程表。

要说我是一个人采集雪样,也不很确切,实际上,当我在挖那个长而深的雪坑时,队员们都会主动地前来帮忙,你挖一阵儿,他挖一阵儿,一般有2小时就能挖好雪样采集坑。维克多是科学家,他常帮助我进行细似绣花的标本采集工作。

可大多数时间,我还是尽量独立完成这项工作,同伴们太累了,他们还有各自的事情要做。

记得在"不可接近地区"的前段,我花了整整6个小时才挖好一个雪坑。那里的雪又硬又厚,挖上几十下,就得停下来喘口气。等我回到帐篷,手指已完全冻僵,笔都拿不起来,关节全都肿了起来。我钻进睡袋,感到全身在发热发冷,原来是发烧了。路易斯是法国医生,急忙找出药片让我服下。美国队长想到第2天还得赶路,直耸肩膀,摇头苦笑。昏沉沉的一夜过去了。第2天5:30,该起床了。我知道,这里不准有病号存在。我挣扎着爬了起来,向帐篷外走去。我几乎已不能行走,只好用腰带拴在

狗橇上任它们拖着走。这天我们计划行进32公里。但我们还是超过了这段距离，到37公里时，我终于倒在了雪地上。美国队长命令宿营。又是昏沉沉的一夜，我好像不知道在什么地方。第2天早上5：30，我习惯性地醒了，发现病已全好了，不知道又出了什么奇迹。我们又上路了。

在东方站，我采到了最珍贵的雪样。维克多发现我带来的3把铁锹全都裂缝了，二话没说，拿到他的同胞们那里，用电焊结结实实地焊了一遍。

对一个科学家来说，雪样和考察日记如同生命一般重要。在跨过极点以后，我们不得不再一次精简装备。为此，在帐篷里召开了我们6国的"国际会议"，大家一致同意这样做。同伴们忍痛割爱，掂掂这，掂掂那，惋惜地丢弃了许多东西。维克多最为难过，他不得不丢掉一件与他伴随一路的气象测量仪器。

我却多了一个心眼，把备用的衣物丢掉，又偷偷再把采样的小瓶塞满了枕头，把标本分装在三四个箱子里，以掩人耳目。我虽然通过了"严格"检查，同伴们还是担心秦的衣物带得太少了，对我的行动表示不解，法国人摇摇头说："真是个疯狂的科学家！"我想起了斯科特在南极点遇难的几十年后，人们发现了他的遗物，雪橇上还有几十公斤的岩石标本，他的队员们是饥饿致死的，但在最后的岁月里，他们仍然没有舍得丢掉那些标本。斯科特的精神就是我的榜样。

日本人哪里去了

我们以每天47公里的速度前进，通过了1250公里的"不可接近地区"，取得了决定性的胜利。

2月13日，我们到达了苏联少先队员站。这里地势开始下降，气温上升，雪下得更大了。但依稀嗅到了海风的潮湿味道。到达目的地已指日可待。

3月1日，晚上宿营以后不久，大家突然感到事情不妙，舟津圭三出去喂狗，很久不见回来。大家一起跑出帐篷，在茫茫雪原上喊着舟津圭三的名字并作推磨式寻找。苏联的极地"护航拖拉机"也隆隆地来回绕圈子寻找。车灯在大风雪中闪闪发光。那一晚我们都在外面来回奔跑，整整13个小时后，才听到舟津圭三微弱的回答声。我们朝声音方向找寻过去，发现雪地上有一个小小的洞。挖开雪堆，舟津圭三笑眯眯地钻了出来，说他没事儿。当他看到50米外的帐篷时，连他自己也觉得吃惊。

原来，他昨晚走出帐篷不久，暴风雪就加大了。能见度立时变成了零。舟津圭三看不到目标物，不敢贸然行事，怎么办？这位机灵的日本人当机立断，从口袋里找出一把小钳子，开始学我挖坑的样子，在雪地里挖了一个洞，钻了进去，只露出一个供呼吸的孔。外面的雪花在不停地下，想把那个不协调的小孔堵起来；舟津圭三在里面偏偏不信老天那套，你堵我就挖，整整挖了一个夜晚，他才得以安然无恙。

看他的衣服，仍是那套单薄的防寒服，我暗暗地赞叹美国公司产品的高质量。

我们热情拥抱，祝贺他的成功，舟津圭三说："有神保佑我，到不了和平站我算什么日本人。"

维克多却认为多亏那天晚上的气温只有–20 ℃，如果是–30 ℃，雪洞早就成为舟津圭三的墓棺了。我说："舟津圭三真是幸运儿！"维克多专门为舟津圭三编歌一曲，以示纪念。

这里距离和平站还有26公里路程。

胜利

1990年3月3日，当地时间7：10，我们按照总指挥部的命令，一分不差地滑行到我们的终点站——苏联和平站。

300米之外，已看到一辆苏制拖拉机隆隆开来。拖拉机的样子真有点像坦克，上面伸出的摄像机咔咔作响，像什么新式武器似的。我们穿过写有"终点"的横幅，各国记者纷纷拍下了那珍贵的镜头。

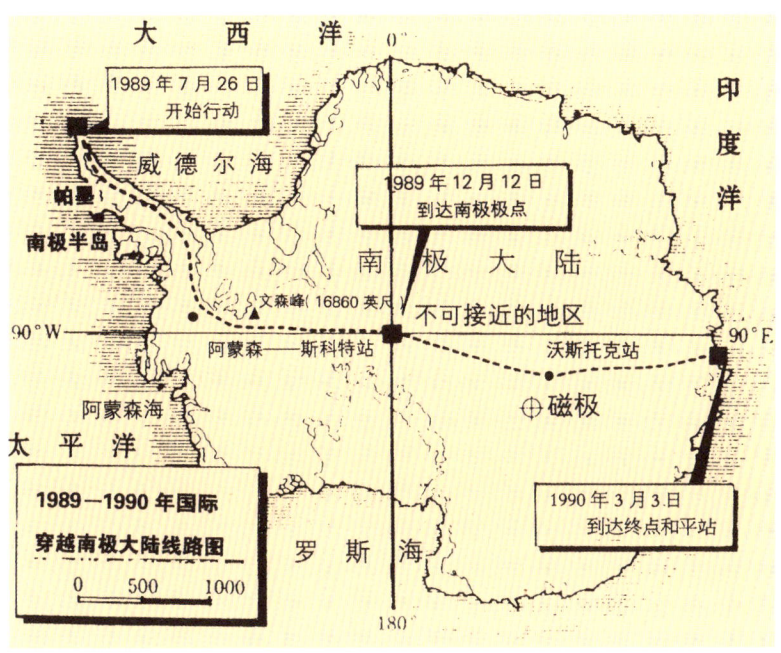

1989—1990年国际穿越南极大陆线路图

当我们解下滑雪板时，看到了各国国旗环列四周。我找到了五星红旗。

此时此刻，我们6名勇敢的人，代表着各自的国家，代表着全人类，经过220天，徒步行程5986公里，完成人类历史上征服大自然的又一壮举。作为一个中国人，我激动万分。我知道，此时此刻，卫星已把我们胜利到达终点的图像传遍了全世界。我的祖国，11亿中国人民正在和我们共同分享这一欢乐；全球几千万华人也在分享这一欢乐。世界人民在称颂这一代表"和平、合作、友谊"精神的伟大成功。沙莫斯的一段话说得非常好："我认识到这并不只是我个人的事，它属于成千上万帮助过我、时刻关心着我的人们。现在才觉得，这次探险考察对人们来说，就像是看一场扣人心弦的电影，也有点像观看人类首次登上月球的电视录像，使得他们和我们一样同兴奋、共喜悦。"

我心里呼唤着自己的名字："秦大河，为了祖国，你成功了！"

中国人的骄傲

横穿行动的成功震惊了全世界，特别是参加行动的6个国家，更是欣喜万分。3月3日当天，我们接到了中国总理李鹏、美国总统布什和夫人、法国总统密特朗的贺电。李鹏总理早在考察队到达南极点时就发过一次贺电了，可惜因通信故障而未看到。这次我拿着两份电报，感到了我国政府和人民忠于南极条约的宗旨、为和平利用南极贡献力量的诚意。随后，我们又先后收到了日本首相海部俊树和英国首相撒切尔夫人的贺电。

3月8日，我们乘坐一艘苏联极地考察船"祖波夫教授号"离开和平站，8天后到达澳大利亚港口城市富兰蒙特尔。在澳大利亚悉尼市受到了当地政府和人民的欢迎。澳大利亚外交部部长设酒会欢迎6国队员。澳大利亚人说，尽管我们自己没有队员参加这次活动，但考察队员完成任务回到文明社会第一站，就到达澳大利亚，我们感到很光荣。

3月23日，我们到法国的第2天，法国总统密特朗接见了全体队员及工作人员。在巴黎市法国国家科学博物馆举行了一系列的活动欢迎我们。

3月24日，在途经英国伦敦机场时，我们举行了记者招待会。

3月25日，我们到达美国首都华盛顿。次日，在美国国家新闻中心举行了最高级别的新闻记者招待会。

3月27日，美国总统布什和夫人在白宫玫瑰园接见了全体队员。当晚参议院通过决议，将此举载入美国史册。

这是一种"串门"行动。我们事先商定过，横穿成功以后，要结伴到各自的祖国参观访问，下面的地点自然是日本、中国、苏联、英国，还有沙特阿拉伯。

4月8日，我回到了祖国的首都，在那里受到国家南极委员会和中国科学院的欢迎，并给南极征文获奖者颁奖，看到了我国的少年儿童和20多个国家的少年儿童一起参加热爱南极活动的丰硕成果。

4月13日，我回到了故乡兰州。家乡的人民、党政领导人以隆重的仪式欢迎我的归来，把我视作"英雄人物"，使我十分感动。当我接过一束

束少先队员献上的鲜花时，又想起了我幸福的童年。

5月7日，6国队员一块儿去了日本，在东京受到日本首相海部俊树的接见。

5月9日，探险队的全体成员秦大河、让·路易·艾蒂安、维尔·斯蒂克、维克多·巴雅尔斯基、杰夫·沙莫斯、舟津圭三，以及辅助队员沙特阿拉伯科学家穆斯塔法·毛阿马拉和伊布拉海姆·阿拉姆，在中国首都北京的人民大会堂受到了中国国家主席杨尚昆的亲切接见。杨主席说，中国有句话叫"不到长城非好汉"，比起你们来，应该改一改，改为不到南极、北极非好汉。杨主席还说，6位英雄中也有中国的一分子，这是中国人的光荣。

考察探险队向杨主席赠送了一件橘黄色的南极服上衣，上面绣着中、美、法、苏、英、日6国国旗。杨主席穿上这件衣服，高兴地说："我也成了南极考察队员啦！"他热情地为我们题词："为南极科学考察事业努力奋斗！"

最令人难忘的是，我在海外，所经之处，一定有华人热情地向我致意。华侨们要求签名，高举着横幅，上面写道："我们是中国人——我们为你感到光荣。"有一张条子上写的是："秦大河——中国人的骄傲！"

看到这些激动的场面，我对这次横穿行动的认识加深了许多，我的行动为中华儿女、为祖国赢得了荣誉。

儿子不服气

回到家中，我还没顾得上打开行李，就被记者围追，加上连续一个星期的报告会，无法在家里安静下来。我和儿子只在机场见了一面，他又去上他的学了。他今年上高三，是应届毕业生。在这个年龄的年轻人，他想什么，我这个做老子的竟无时间去和他聊一聊。记者告诉我，在去年美国广播公司记者来兰州采访时，问他"对你爸爸横穿南极，有何想法"时，他回答说："我爸爸能征服地球的最南端，我已无处可去了，看来我只好上月球去了。"听到这句话，我嘿嘿一笑，说："好小子。"

对于我这个独生子，我还能说些什么？这几年来，我大部分时光都在野外、国外度过。儿子小时候问妈妈："我爸爸长得什么样？"听到妻子说这些话时，我竟无言以对。中国有一句老话：三岁看大，七岁看老。我只在他小时候带过他，深信他的品行。我把他和当代青年人一样看待。他是中国下一代的一员。他们有他们的追求和向往。我深信不疑，青年一代一定会超过我们。有人看不惯青年人的跳舞啦，讲话啦，行为举止啦。我对他们说，也许我在国外生活得时间长了一点，我看到外国科学家舞跳得好，但他们的科研搞得更好。

更为难于启齿的是，我觉得欠妻子太多太多。这些年来，家务、教育孩子的重担都压在她的身上，但她从来没有叫过苦。她具有中国女性的全部美德：贤慧，勤劳，任怨，从来没有动摇过对丈夫事业的全身心支持。我只有在心底里念叨："钦珂，我的成功，有一半应归于你的支持。"

八十多岁高龄的父亲见到我只说了一句话："大河不负我望。"听说他对记者说："我要是再年轻些，也想到南极冰盖上去站一站。"虽说如此，我知道父亲对我仍不是很满意的。他曾对我说过，你要拿一个真正的博士学位，现在有些职称名不副实。

母亲却仔仔细细地从上到下看着我，用手抚摸着我脸上冻伤痕，眼泪挂在眼角。

父亲告诉我："你母亲那段时间天天在合掌祈祷。我问，你向哪位神仙祈祷？她说，谁能保佑她的儿就向谁祈祷。"

我还是秦大河

回到祖国后，国家南极委员会给我荣记一等功，甘肃省委、省政府授予我特等劳动模范和优秀专家称号，中国科学院破格晋升我为研究员。

荣誉面前，我感到包袱沉重。有时也想，荣誉是一种好东西，人人都

在追求它。可是一旦荣誉变成了负担,那你就应立刻警惕。我目前就面临这种局面。

我非常欣赏"人贵有自知之明"那句箴言。秦大河是什么样的人?我只是一位中年科学工作者,是默默战斗在祖国各条战线的十多亿中国人中的一员。我只是尽了我应该尽的职责。我得到的这些殊荣应该说是党和人民对我工作的肯定和支持。

也有些同志问我,你是否碰巧了,你的运气真好。我笑而不答。我有自己的观点。我认为他充其量只讲对了一半。我讲过机遇像河流一样从身边流过那个道理,如果你没有充分的准备,没有紧紧把握住它,那你就应该问自己,究竟是你的问题,还是客观世界的问题。

一个人的成长,要靠社会的培养,更重要的是靠自己的努力。有远大志向,加上一步一个脚印地向前走,任何人都可以达到一个光辉的顶点。

这里还要讲一下毅力的重要性。我之所以能够横穿南极,毅力起了决定性的作用。我对人们说,不光是凭体力,还凭坚强的毅力,使我走完了那6000公里。这和万里长征是一样的。崇高的目标,加上惊人的毅力,人世间的任何奇迹都能创造。

以后我还要做些什么?当然是科学研究。我是一位冰川学者。我的心已飞到实验室,我那珍贵的800多个雪样在法国的一个冷库中焦急地等待着我去研究呢。

因为,我是秦大河。过去我是秦大河,将来,我还是秦大河——一个普普通通的中国人。

(原文刊载于《气象知识》2001年第1~4期)

风雨人生——涂长望[①]

文 / 中国气象学会　华风影视集团

20世纪80年代，全球各地发生了一系列由于气候变暖导致的灾害。气候变暖问题逐渐成为国际社会关注的全球性话题。而关于全球变暖的理论在此之前二十年的中国就已经出现。

1961年1月26日，《人民日报》刊发了一篇题目为《关于二十世纪气候变暖的问题》的文章。文章列举事实并分析认为，中国和世界上许多国家都出现了气候变暖的趋势。这篇文章的作者也被认为是最早提出这一理论的科学家之一。他就是国际知名的气象学家涂长望先生。

涂长望（1906—1962年）

100多年前，湖北汉口大通巷是贫苦市民和小商贩杂居的地方，也曾是个连接城乡的繁华之地。1906年10月28日，涂长望就出生在这里。19世纪中叶，那时受自然灾害影响，乡下生活不下去，涂长望的爷爷涂发德和他的几个兄弟一起凑钱在大通巷3号建起了涂家老屋。涂长望的父亲涂含章9岁就在英国牧师家里做西厨助手。他能读中文书籍，并且会讲一点英语。涂长望的母亲汪美珍受过新学教育，是个性格活泼的新女性。汪美珍一生为涂家生了11个子女，涂长望排行老三。

[①] 2006年5月18日，中国气象局、中国气象学会在北京人民大会堂隆重举行涂长望同志诞辰100周年纪念座谈会，纪念这位中国知识分子的优秀楷模、近代气象科学的开拓者、新中国气象事业的奠基人、中国和世界科学界的卓越活动家。本文为大型文献纪录片《风雨人生——涂长望》解说词。

涂长望上小学之前，父母每周都要带他去教堂做礼拜。7岁那年，涂长望进入教会小学免费读书，他也从此慢慢体会到了洋人们的傲慢无理和对中国人的蔑视。1920年涂长望升入武昌博文书院。博文书院成立于1885年，是由英国传教士修建的，一直聘请受过高等教育的洋人任教。

1929年，涂长望从沪江大学科学系毕业后，受到好朋友陈立的邀请回到母校博文中学担任理科教员，先于涂长望毕业的陈立已经是学校的教务主任了。在博文中学，涂长望教学生物理、数学和地理，因为备课认真，口才也好，不到半年，涂长望就成了学生们喜欢的老师。

1930年春天，涂长望与好友陈立一起参加了湖北省的官费留学考试，结果二人以头两名的成绩被录取。这年夏天，涂长望的母亲汪美珍不仅要送他去英国，还要送妹妹碧波去香港。临别那天，全家人到码头上来送行。汽笛拉响，轮船启航之时，母亲早已泪流满面。

涂长望与另一位被录取的学生霍秉权一起办完了各种手续，在上海与陈立会合，一起坐船到大连，再坐火车经哈尔滨。他们买的是国际联运客票，可以从哈尔滨一直坐到伦敦。涂长望的留学之旅就是这样一个辗转的行程。1930年10月，号称"雾都"的伦敦，以难得的好天气迎来了几位来自遥远东方的学子。涂长望小时候常听洋牧师念叨的伦敦桥和大本钟就矗立在眼前。

涂长望和陈立来到伦敦大学，两人都在第一学院就读，涂长望注册的是经济地理专业。浪漫的校园时光散发出自由的青春气息，让这位东方青年心潮澎湃。

每当在伦敦大学路过伦敦气象台时，门前的玻璃橱窗里天天更换的大幅天气图，引起了涂长望浓厚的兴趣，那些神秘的符号和曲线能表示天气的变化，太神奇了。他决定下学期转学气象，觉得这门知识回国一定能有用。

第二学期，一次旁听气象课时，涂长望结识了当时世界著名的气象学家，发现"沃克环流"的吉尔伯特·沃克爵士。涂长望从此开始对气象科学产生了兴趣。看过涂长望头一学期的成绩单，年迈的沃克爵士破例收下了这个中国学生。

到伦敦学习满两年的时候，涂长望收获的季节来了。他的硕士论文《中国雨量与世界气候》通过了伦敦大学帝国理工学院的答辩，在当时，世界著名的《自然》杂志要求尽快发表他的论文要点。他被授予气象学硕士学位，并被吸收为英国皇家气象学会会员，他也是皇家气象学会的第一位中国会员。

1931年，涂长望带着课题到德国实习。实习期间，柏林各家报纸头条都报道了中国长江流域发生特大水灾的消息，涂长望家乡武汉10万余人丧生，就连他母校博文中学也未能幸免。这一切都让涂长望深切感受到他所从事的气象研究的重要价值。"九·一八"事变爆发的信息传到国外，涂长望等爱国学生义愤填膺，他们在中国共产党领导人杨秀峰等的领导下，参加了第三国际组织的各种活动，并加入英共华语组的外围组织"旅英华侨反帝同盟"，1934年涂长望有幸被组织派往苏联参加莫斯科的"五一"节观礼活动，并参观访问了苏联的工厂、学校、文化、科研单位。在苏联几十天的亲身感受，使涂长望思想有了很大触动。7月中旬，涂长望回到伦敦，他向华语支部表达了入党的愿望，几天后，组织决定正式批准涂长望成为英国共产党华语支部党员，支部党员于炳然是他的入党介绍人。

回到利物浦后不久，涂长望收到一封来自中国南京北极阁气象台的信。中央研究院气象研究所所长竺可桢邀请他到所里任职。涂长望立即回信表示愿意回祖国服务。

1934年8月底，涂长望中断了博士学位的学习，离开英国，踏上了返回祖国的航程。临行前，他的导师罗斯贝将一块湿度表送给自己最喜爱的学生涂长望作为纪念，希望他将来在气象事业上有所成就。经过一个多月的海上旅途，涂长望回到了祖国。

气象研究所位于南京市内最高的钦天山上，山顶建有一座三层观测楼，站在楼顶向南眺望，整个市区一览无余。向北眺望，美丽的玄武湖犹

如一幅天然画卷尽收眼底。早在南北朝时期,这里就曾经设有司天台,元代至明代都曾先后重建观象台。山上的观测仪器十分精良。清朝康熙年间,钦天山观象台的仪器移到了北京,这座观象台就逐渐荒废,到民国年间就只剩下一座破败不堪的道观了。1928年,竺可桢在此重新建立了观象台。

涂长望的到来,让急需气象人才的所长竺可桢感到无比欣慰,他立即安排涂长望负责大气环流、长期预报和气候方面的研究。在玄武湖畔、钦天山上,涂长望开始了他的科研生涯。北极阁优美宁静的环境,让涂长望觉得心情十分舒畅。他将自己的研究目标定为旱涝的长期预报,而这在中国气象史上是开先河之举。

1935年,中国气象学会年会在南京召开,会上,涂长望被选为理事,以及《气象学报》的总编辑。

涂长望用带回国的照相机拍摄气象研究照片,到了晚上他就利用北极阁良好的观测角度观测星宿。

1935年8月,所长竺可桢安排涂长望到清华大学地理系担任气象学教授。在这里,他目睹发生在身边的"一二·九"运动,他发表演讲,支持学生。

在北平,涂长望见到了好几个英国共产党华语支部的成员。涂长望开始参加小组活动,并交纳党费。但是没过多久,随着斗争形式的严酷,党组织生活更加隐秘。

这时候,涂长望接到竺可桢的来信,催他赶紧回南京。涂长望与党组织失去了联系。

此时的竺可桢已经出任浙江大学校长,气象所的工作由吕炯代理,竺可桢希望涂长望能够回来帮助吕炯。

对于涂长望来说,南京是他魂牵梦绕的地方,这里不仅有他执着追求的事业,还有他最心爱的人在等他。这时候,涂长望已经认识了王回珠。

王回珠1909年1月生于江苏吴江,自幼父母双亡,由外婆抚养长大。高中毕业后,考进东吴大学,后来到当时的中央卫生署工作。

不久，王回珠的舅舅、舅母在上海为他们举办了简单的婚礼，之后，他们回到南京建立了自己的小家庭。虽是新婚燕尔，涂长望也没有对自己的工作有丝毫懈怠。这一时期，他写出了好几篇有关长期预报的文章，从国外带回来的那台打字机派上了用场。他的大部分文章都是用英文写的，这样做也是便于国际学术交流。

1937年，一直觊觎中华大地的日本帝国主义，在经过精心策划之后，挑起了卢沟桥事变，抗日战争全面爆发。同年12月初，日本军队逼近国民政府首都南京，南京的制高点北极阁成了日军轰炸的目标。

半年后涂长望带领一批人，在重庆曾家岩附近落脚。这个时候，涂长望的妻子王回珠已经怀有身孕。1938年4月，他们的第一个孩子降生了，夫妻俩给他取名多伦。

虽然生活和工作条件都远不如南京，日军对重庆的轰炸也随时威胁着市民的生命安全，但涂长望照样坚持对中国气候规律的研究和探索。他的论文《中国自由大气气候状况的初步研究》《中国气团》都是在恶劣的条件下用英文写成。他希望自己的研究成果能服务于抗战的中国年轻空军和支援中国的美国空军，希望他们能掌握和利用中国高空气候的规律，多打胜仗。

在重庆期间，涂长望得知，在空军当飞行员的弟弟涂长安，在一次执行任务的过程中不幸牺牲。

随着日军逐渐侵入中国腹地，浙江大学等一批高校不得不再次迁移到更加偏远的西南。

1939年5月，涂长望调任远在遵义的浙江大学史地研究所担任副所长。

1942年，涂长望因为和浙江大学的国民党员教授发生矛盾，愤然离校。迫于生存的需要，经好友黄秉维介绍，涂长望到重庆綦江的一家工厂工作了一年，他在这里接触到了真正的产业工人。

第二年，涂长望离开綦江，到重庆的中央大学地理系任教授。在此期间，涂长望和研究生黄仕松一起发现了季风跳跃现象。

七彩人生

因为长时间奔波劳累，涂长望病倒了，全家遇上了空前的经济危机，无奈之下他卖掉了从德国买回来的自己最心爱的打字机。

1943年12月28日，涂长望应邀到新华日报社参加一个宴会。在这里他见到了一直想见的人——周恩来。周恩来在和涂长望交谈时，特别问起他的病情以及气象研究方面的问题。

1945年7月1日，涂长望与友人一起成立了民主科学社，并担任总干事。两个月后的9月3日，日本签署投降书，同一天，民主科学社正式更名为"九三学社"。

8月28日，毛泽东、周恩来、王若飞三人飞抵重庆，与蒋介石会谈，并会见了重庆的各界代表。两天后，涂长望接到通知，毛泽东要在曾家岩的桂园看望科技界的代表。

在桂园门口，迎接代表们的是他们熟悉的王炳南。涂长望一行八人来到这间长方形的客厅，毛泽东、周恩来、王若飞三人都来相迎，周恩来一一向毛泽东作介绍。毛泽东仔细倾听教授们的想法，了解知识界对共产党的看法。他爽朗的笑声让大家不再拘谨，热烈的掌声也不断从这座小楼里传出来。毛泽东对时局的分析化解了教授们的疑虑，大家都觉得心中豁然开朗。

这次会见后不久，涂长望设法甩掉特务盯梢，冒险把一批气象资料，通过自己在清华的学生蒋金涛送往延安。新中国成立后，蒋金涛和涂长望一起参加了军委气象局的组建工作。

1946年，气象所随政府还都南京，涂长望除了研究所和中央大学的工作，还要为九三学社和科协的事忙碌。1947年7月，在涂长望等人的努力下，中国科协南京分会在中央大学成立。之后，各地科协相继成立。

1947年底，涂长望又接到新的任务了。在中共地下党的安排下，同时经过美国驻华大使司徒雷登的准许，涂长望来到美国大使馆，担任编译室主任，与以往不同的是，他在这里可以直接接触到来自共产党电台的消息，及时了解解放区的情况。涂长望不仅把这些被国民党严密封锁的消息，通过各种途径转达给爱国民主人士，同时将美国与国民党之间的绝密情报转送到延安。对于没有地下工作经验的涂长望来说，这样做是要冒很大风险的。

涂长望的活动很快引起了国民党的注意，他也随即迅速离开了美国驻华使馆。地下党组织通知涂长望，他的名字已经上了国民党特务的黑名单，必须马上离开南京。

1948年9月，涂长望离开工作生活多年的南京，悄悄告别妻儿，由好友黄秉维护送，秘密抵达上海。王回珠带着儿子多伦赶往香港，与涂长望会合。不久，他们在中共地下党驻香港总负责人潘汉年的安排下，登上了一艘空载的挪威运煤船北上天津。海上航行并不寂寞，大家就如同到了解放区，年轻人组成合唱队，高唱革命歌曲。几天后，涂长望等人乘坐的驳船在塘沽码头靠岸，兴奋的人们真正有了脚踏实地的感觉，而在不远的北平，迎接他们的是一个真正的收获胜利的金秋。

1949年9月21日晚上，北平城里，下起了一阵雷雨。涂长望与同时被选为全国政协委员的竺可桢等科学界代表一起，正在北平中南海的怀仁堂，参加第一届中国人民政治协商会议。聆听着毛泽东致开幕词，涂长望心潮澎湃。会议大厅里的掌声与大厅外轰隆隆的雷雨声相互呼应，仿佛上苍也来为旧势力的灭亡鼓掌送行。

1949年10月1日，涂长望和来自各界的代表和委员们，在观礼台上一起目睹了新中国的成立，见证了中华民族摆脱殖民主义和旧势力的统治，走向新社会的伟大历史时刻。当天安门上空飞过属于人民的飞机时，人们都兴奋不已，作为气象专家的涂长望却更加感到了组建新中国气象事业的紧迫性。

1949年12月17日，中央军委发布了第444号主席令：毛泽东主席正式任命涂长望为中央人民政府革命军事委员会气象局局长。

军委气象局无疑是为了服务于当时战争需要，让一个同党多年失去联系的人担当局长这一重任在军史上是罕见的。

1951年军委气象局全国气象工作会议纪念照（前排右八涂长望）

1950年5月，军委气象局迁到新街口航空署街7号，开始了气象事业的大发展。为了方便工作，涂长望等人的住处安排在了航空署街旁边的棉花胡同40号。

原有的气象台站稀少，布局不合理。当时最大的困难就是器材和人才的不足。很多事情，涂长望都是亲自过问。面对旧中国气象工作分散稀少的局面，涂长望和他的同事们一起制订了中国气象台站网的通盘计划。

经过新中国早期气象工作者的不懈努力，全国气象台站，从国民党时期的123个，到1957年就增加到了1600多个，同时对包括上海徐家汇观象台在内的新老气象台站进行了调整和改进。

为了充实气象队伍，涂长望想到了自己的学生们。他给正在美国芝加哥大学读书的叶笃正、谢义炳、朱和周等人写信，希望他们能回国效力。另一方面，调集地方上现有的气象专家，满足北京的气象人员缺口。远水难解近渴，涂长望觉得当务之急是培养气象系统现有人员，他想尽办法开办各种形式的培训班。1953年，涂长望在原气象干部学校的基础上建立气

1952年东欧之行（右三涂长望）

象专科学校，成为中国有史以来第一所气象高等学校。涂长望亲自担任校长。1955年7月，经陈毅副总理批准，气象专科学校迁往南京光华门外，建成中国人民解放军空军气象学院。为了纪念自己的第一任校长，学校建起了这座长望亭。为了解决气象人员的不足，涂长望又调集人力，组建了新的北京气象学校。

对于气象教育的硬件投入，涂长望从来都是优先考虑。鉴于新中国成立初期，中国气象专业人员力量的分散，涂长望和中国科学院的赵九章商量，决定成立联合天气分析预报中心，简称"联心"。"联心"阵容强大，汇集了第一流的气象专家，涂长望除了行政事务，自己也抽空参加会商。为配合解放海南岛、舟山群岛以及抗美援朝，"联心"发挥了重要作用。

1953年8月，按照毛泽东主席和周恩来总理联合发布的转建命令，全国气象系统完成了建制转移，涂长望被任命为中央气象局局长。

由于技术设备方面的原因，20世纪50年代，我国天气预报的准确性依然很低，误报漏报的现象时有发生。为了解决技术设备落后的局面，经周总理批准，涂长望设法从英国引进了当时最先进的气象雷达。

1955年6月，中国科学院召开学部成立大会，涂长望被聘为学部委员，不过，身兼数职的涂长望没有时间沉浸在荣誉之中，他很快就要再次代表中国赴欧洲参加世界和平利用原子能会议。

作为一位出色的社会活动家，涂长望以中国科联常委的身份多次出访欧美等国。由于涂长望能说流利的英语和德语，在出访英国、波兰、德国、奥地利等国时，中国代表团都因有如此出色的活动家而备受关注。

1956年6月1日8时起，中国气象情报正式解密。世界各国科学家都对中国的气象成就十分敬佩，而周边的亚洲国家更是受益匪浅。

国际气象合作也日渐重要。1957年2月，赵九章和涂长望出席在东京召开的国际地球物理年西太平洋区域会议。

涂长望在日本逗留了20多天，除了开会，还考察了日本的气象科学，结交了新朋友，并邀请日本专家来华访问讲学。在涂长望的努力下，当时世界最先进的数值预报引进到了中国。

经过六七年的努力，中央气象局和各地方台站的建设基本完成，各项工作已经逐步进入正轨。而更让涂长望感到无比欣慰的是，在他心中积存多年的入党的夙愿就要实现了。1956年4月26日，当涂长望得知局党总支通过了他的入党申请时，激动得不知说什么好。涂长望虽然几次与党组织失去联系，未能恢复关系，但从早年加入英共开始，他就始终以党员的标准来行事。

1957年"五一"前夕，全国气象先进工作会议在北京召开。毛泽东、朱德、邓小平在中南海接见了气象先进工作者代表，一起合影留念。

无论是在人迹罕至的大漠边陲，还是沟渠纵横的河套平原；无论是牧民的蒙古包，还是晋北的窑洞，涂长望的身影总是出现在群众中间，他一边指导当地的气象台站建设，一边还不忘了解群众的生产和生活状况。

在山西、内蒙古出差共38天，涂长望一行先后视察了几十个偏远山区的台站。10月底，身体虚弱的涂长望回到北京就病倒了，经过医院检查，发现脑干部出现肿瘤。

1959年春节过后，涂长望由夫人王回珠陪同，来到杭州疗养，并见到了好友陈立一家。在杭州疗养期间，两次台风登陆造成特大的人员伤亡以及财产损失，有5000人死亡或失踪，近千艘船只被毁。涂长望忧心忡忡，常常自责病魔给自己造成的影响，他感到还有许多工作要做。不久，他便不顾病痛的折磨，结束疗养返回北京。途经上海时，涂长望亲自查看了刚刚引进的新型天气雷达。

返回北京后不久，涂长望又来到了久违的办公桌前，他要把失去的时间补回来。

疗养期间，涂长望对自己的一些科学研究进行了总结。在几十年的科研积累和全面思考基础上，涂长望提出了全球变暖的理论。时隔20年后，这一问题才被普遍重视。今天，人们对这位最早提出这一理论的科学家充满景仰，涂长望和他的理论将会永远铭刻在世界气象科学的历史丰碑上。

随着病情的恶化，涂长望再次住院治疗。他在生命弥留之际，想到的还是气象事业。他准备了材料，向有关部门写信，希望领导安排人来接替他的工作。

1962年6月9日5时35分，年仅56岁的涂长望离开了他亲爱的家人，离开了他朝夕相处的同事和朋友，离开了他一生钟爱的气象事业。

郭沫若在《人民日报》发表一篇七律《挽涂长望同志》：同君屡次赋欧游，才干堪推第一流。肝胆照人风洒脱，心胸涵物韵容休。戡天志在争民主，返日戈挥夺自由。努力一生无懈怠，令人长忆旧渝州。

这首诗不仅是郭沫若痛失一位好同志的心情写照，更是对涂长望人格魅力的真实写照，对他所做贡献的最佳褒扬。

（原文刊载于《气象知识》2006年第3期）

科学考察
KEXUE KAOCHA

北极科学考察散记

文 / 高登义

应挪威卑尔根大学邀请，我于1991年7月28日从斯瓦巴德群岛上的郎伊尔城（78°13.5′N，15°37.7′E）出发，乘挪威极地考察船"赖恩斯"号，与挪威、苏联和冰岛等国的30多名科学家一起，首次参加了多国联合北极科学考察。赖恩斯号是一艘2300吨的抗冰船，已经12岁了，它主要从事海洋及大气科学考察。考察船离开郎伊尔城港口后，先向南绕过斯匹次卑尔根岛的南端，再折向东北行，在斯瓦巴德群岛的东北侧（80°N，10°E）浮冰海域工作7天之后，向西绕过群岛的北侧，再折向南行，最后于8月12日到达斯匹次卑尔根岛的纽阿罗森（78°55.9′N，11°57.2′E）。航程共1600余公里。

首次去北极考察，所见所闻，颇有感受，现书此文献给气象界朋友和广大读者，以共赏北极风光。

北极的召唤

1984年冬至1985年春，应日本国立极地研究所邀请，国家南极考察委员会派我和小李参加了日本第26次南极考察队。我从多年的山地气象工作转为从事极地气象考察，从地球的第三极——世界屋脊青藏高原来到了地

球的最南端——南极冰原。环境变了，研究对象也发生了相应的变化，好像一名摄影师把聚焦于高山之巅的镜头转向了地球的南极区域，视野似乎扩大了。我领略到了地球南端茫茫冰原的广阔，体察到了南大洋风浪的巨大魔力，感受了远盛于珠峰北坡冰川风的南极大陆边缘下降风；我研究了珠峰冰川风与南极下降风成因的异同，对比了青藏高原和南极大陆对大气热力作用的差异……

从感性知识到理性认识，都给了我深刻的印象：地球的这两极真有点可比之处，真有某些共同的地方。由此我从地球的南极想到了北极，想到了地球这"三极"之间的关系，想到了它们在全球气候变化中有可能相比的作用，从此，到北极考察去的念头油然而生。在1985年夏天一次和青少年谈南极考察的过程中，孩子们纯真的童心掏出了我的"秘密"，我向孩子们回答说，我要争取去北极考察。

一个人的生活道路既受社会环境的影响，也要靠自己的奋斗，有时，还要靠一点机遇，或者叫作偶然因素。卑尔根大学的叶新教授是挪中友协成员，20世纪70年代曾访问过我国；他曾七次赴南极、多次赴北极考察，是挪威有名的两极气象专家。他于1990年秋访问我所，得知我这个研究室——高山极地海洋气象科学实验室的研究内容后，于1991年春节前夕，来函邀请我赴北极考察，并商讨今后的合作考察计划。

这样，我走上了北极科学考察的道路。

北极圈里话气象

这儿要谈的不是具体的天气或气候，而是气象学的发展史。

挪威的领土范围，南起58°N，北至81°N附近，除了斯堪的纳维亚半岛西部的长条部分外，还有幅员广阔的斯瓦巴德群岛及其相应的领海。我国出版的世界地图上为斯匹次卑尔根群岛，事实上，这个岛仅是斯瓦巴德群岛中最大的一个岛。因此，可以说，挪威有一半以上的范围是在北极圈内，可谓"北极之国"。

对于我们气象界来说，这个北极之国在气象发展史上也是值得一提的。19世纪初，挪威气象学家V.皮叶克尼斯首先提出了锋面模式，并从理论上探讨了大气界面——锋面的问题；之后，挪威气象学家首先将锋面分析方法用于天气预报，促进了天气学的发展。这个分析方法又称作挪威法或卑尔根法，因为挪威气象局当时设在卑尔根。

还值得一提的是，大气长波公式的创始者R.罗斯贝也曾于1921年在卑尔根气象台工作过。

"EP通量算法"的创始人A.伊莱亚森，是挪威奥赛诺大学的一位海洋物理学家，他于1959将这篇论文投寄到美国《天气月刊》，当时被认为是一个错误的方法，未被采用。后来，该文发表于1960年挪威《地球物理》杂志上。时隔十年，EP通量算法竟为气象界所公认，并广泛在气象研究中应用，成为大学有关气象学教程均要讲授的方法。

上述这些，都是挪威气象界的骄傲。

北极熊趣事

一进入北极之国，我就渴望见到北极熊。

飞机在伊尔城着陆，机场休息厅里一张宣传画立刻映入我的眼帘：一头肥大的北极熊瞪着一双贪婪的眼睛向你迎面走来。英文的说明是："随身携带你的武器，防止北极熊的袭击！"好家伙，北极熊还真有点不善！

8月1日，当地时间20时左右，赖恩斯号考察船正行驶在79°N附近时，突然收到求救呼号。据挪威朋友对我说，是附近一个小岛上发来的，那儿有几位冰岛国的考察队员，他们受到了北极熊的威胁，需要一些材料加固栅栏。情况紧急，船上的直升机立即起飞，带着国际朋友的心意，送去了几大捆木材。这消息增添了我对北极熊的畏惧。

当天晚上看录像，那是去年夏天考察队在北极冰面上拍的。一对饿极了的北极熊，来到了这条船的船舷，轰动了船上的队员。人们有的扔下点心，有的扔下苹果，逗得这两只熊轮番站立起来讨吃，其求食的表情换来

科学考察

了"咔嚓""咔嚓"的拍照声。不知谁把厨房的舱门打开了,一股扑鼻的饭菜香味把一只北极熊吸引了过来,它站立起来,用前掌扶着窗口,把长长的大嘴伸进了厨房。这可是个好机会,队员们大胆地在厨房里戏弄它,摸它的嘴,用食物逗它,拍照……两只北极熊轮流吃饱后,高兴地在船舷边的浮冰上互相打闹起来,体壮的公熊居然试图当着众人要"做爱",母熊却不给面子,硬是怒气冲冲地把它咬开了。公熊无可奈何地跑开,母熊也尾随而去。一场有趣的北极熊活动场面到此结束。

北极熊

真正目睹北极熊是在8月2日下午,我正在船舱内看书,挪威朋友Y.叶新教授急促地跑进来说:"Ice bear!"我明白这是说有北极熊,赶忙带着相机跑出船舱。果然,一只肥大的北极熊从100多米远的浮冰上向考察船走过来,那从容不迫的步伐,真像是来视察一样。北极熊一直走到离船30多米的浮冰边缘,队员们有的忙着拍照,有的去扔食品,但食品都掉进了北冰洋中。看来没多大希望找到吃的了,北极熊便缓缓离开了。我只顾拍照,待到想要扔食品时,熊已走远了。

看来北极熊也并不那么可怕。

8月3日,考察船在80° 10.8′ N,30° 0.5′ E附近的一块大浮冰上"抛锚"。那是在浮冰上用电钻打两个大洞,把船上两头的锚钩挂在洞口,收紧锚链,船就和浮冰靠在一起了。队员们忙碌起来,纷纷到浮冰上工作。气象组的队员暂时抽去测绘地图,我闲着没事,一个人下到浮冰上去选择我的雪下热流板观测点。其时,偌大的浮冰上星罗棋布地分散着各专业的队员。半个钟头后,我选好观测点回到船上。一位挪威朋友对我说:"队长到处找你,不高兴了。"我愕然,不知何故。后来才知道,按挪威规定,考察队员在北极浮冰上工作,必须随身带枪,尽量做到两人以上同行。

热流板一天观测24次,不得休息。白天,我请挪威一位气象工程师带枪同行。极昼之夜,队员们仍要在"夜里"休息,我只好一人带枪观测。观测点离船60多米,此时虽然如同白昼,但四周静静的,偶然间传来冰裂缝的响声,更增添了一点"寒意"。我并不认为会遭遇北极熊袭击,但也不能不以防万一。到达观测点后,先把子弹顶上膛,放在身边雪地上,然后立即测量三层热流板电压。按观测规定,必须稳定后再读数。说真的,我盼它尽快稳定,但上面的第一、二层,有时要等两三分钟后才能稳定。虽然心里也有点急,但也只好听其自然,耐心等待。一旦观测完毕,便如释重负地迅速返船。

难忘的三个夜晚总算平平安安地过来了。

北极圈里有芳草

在南极圈里,除了极低等的苔藓植物外,几乎看不到别的植物品种,更没有人们喜爱的鲜花和森林。然而,在北极圈里,在斯堪的纳维亚半岛北部,处处有森林、鲜花、绿草,即使在该半岛的北端,接近70°N的通索城,仍然是绿树成荫,鸟语花香,加上挪威特有的深入半岛的峡湾星罗棋布,看起来,真像我国大江南北的风光。当我于7月28日与挪威朋友伊万和土尔驱车在通索城郊游览时,眺望这酷似我国江南的风光,真不敢想象我已来到了与南极中山站相同纬度的北极圈里。

8月12日,当我们的考察队来到斯匹次卑尔根岛的纽阿罗森站(78°56′N)时,望着那一片片的草甸带,虎尔草星罗棋布,有紫色的花朵,有玫瑰色的花竺,镶嵌在绿色或红色的草甸中,展示出生机勃勃的景象。如果在南极圈里纬度接近80°S的地方,无疑是茫茫冰雪世界了。更可喜的是在78°13′N的郎伊尔城附近,我还发现了一大片绿油油的草

地，虽然未经人工修整，然而，也许是水土和光的条件比较一致吧，长得还相当整齐，足有一尺多高，在阳光的照射下，反射出诱人的光泽。这片绿草的远处是皑皑雪山，构成了一幅奇特的大自然景观。我和两位队友索性躺倒在这片松软之极的草坪上，仰望蓝天，似乎我是躺在祖国内蒙古呼伦贝尔大草原上。

过去的茂密森林

斯匹次卑尔根岛，位于76°～80°N之间。从飞机上俯瞰是一片冰雪和碎石相间的世界，真有点像我国藏北山地景观。道道密布的冰川从该岛的腹地向岸边发散出去，注入北冰洋，宛如一条条银白色的河流注入茫茫冰海，煞是壮观。

据说，郎伊尔城附近有丰富的煤矿，还有多种树叶的化石。这消息刺激着我，在考察完毕返回郎伊尔城等飞机时，我约了三个队友一道上山寻找化石。

只有近8个小时等飞机的时间。我们从住地出发，徒步向一条冰川末端走去。三位挪威队友脚踏运动鞋，做好了登山的准备；我因已将行李箱留在机场，只好穿着一双皮鞋与队友同行。望着目的地，我们选捷径前进，沿着山坡的中下部在碎石丛中艰难地爬行着。同行的记者土尔先生一直关照我，担心我的鞋不便登山，我虽在这组人中为年长，但也不甘落后。

要想到达期望的冰川末端，必须越过前面山坡左侧的一条山溪，它是冰川融水汇成的。我们搬来十几块大石头，好歹在这小溪水流中搭起两个踏脚蹬，终于来到冰川末端的山坡下。冰川融水从石缝中往下流，我们的鞋都不同程度地湿了。也许由于集中精力向前寻找化石的缘故，当时毫无感觉。等到我们花去近两个小时，拣到了珍贵的化石，高高兴兴地返回时，才发现鞋都湿透了。

所得的化石都有清晰的树叶痕迹，有阔叶的，也有针叶的，显然，若千年前，这儿是亚热带针阔叶混交林带，和我国喜马拉雅山脉南麓的景观相近。

沧海桑田，变化万千，如今这个岛上树木已经绝迹。望茫茫雪原，看块块化石，深感全球气候变化之巨。看来，研究全球气候变化确实迫在眉睫。

五星红旗展示在北极上空

作为一名中国的科学工作者，应邀参加这次北极考察，我便在出国前就准备好了一面标准的五星红旗，随身带往北极，希望在北极考察期间展开这面五星红旗。

北极的夏季，大雾频繁，据统计，在80°N以北的浮冰区，雾出现的频率可达50%以上。而大于5级以上风的频率几乎不到10%。观测表明，夏季，北极浮冰面上约在数十至一百米高度内常有逆温层，由冰面上升华的水汽遇逆温层阻隔而形成雾，加上风速很小，大雾就更容易维持。

自8月3日我们停靠浮冰后，一直是大雾天。8月5日下午雾有些小了，挪威、苏联、冰岛三国的五位队友和我一起，在我们的自动气象站旁边合影留念。由于没有风，四个国家的国旗无法随风飘动，只好靠人来展开。庄严的五星红旗展得最平整，那是我和一位挪威朋友精心操作的结果。我记得很清楚，这是位于80°10.8′N，30°0.5′E，时间是1991年8月5日当地时间14时左右，北京时间为8月5日20时许。

留言簿上的心声

我所乘坐的赖恩斯考察船，总共有14名船员，其中一位曾于1975年到过我国青岛港口。船员们对中国很友好，进餐时总要问起我国的各种情况，衣食住行之类的话题居多。船长是个大学生，近50岁了，他很有兴趣地和

我谈论有关南极臭氧洞、温室效应等有关全球气候变化的问题。我们有了共同语言，交流更深入了一些。一天，他拿着船上的留言簿，要我留下几句话。我欣然应允，第二天，即8月6日，我用中英两种文字在留言簿上写道："中挪两国遥隔万里，但两国人民的心紧紧相连。南、北极和青藏高原'三极'在世界气候变化中起着重大作用，希望中国、挪威、苏联和冰岛等国的科学家在地球"三极"科学考察中紧密合作，为人类做出贡献。"

此次短暂的北极考察，由于多国合作，取得了相当丰富的资料，包括：北极浮冰上空海拔600米以内的气温、气压和风的垂直分布；太阳辐射；雪下热流量；近地面3米内的热量平衡和大气采样等。通过日后的分析研究，进一步地开展国际合作考察，必将对三极区域在全球环境和气候变化中的作用作出较为准确的评估。

后记：北极考察回来了，接下来的自然是对资料的分析整理，然而，在我心中占据更大分量的则是如何进一步促进国际的北极气象科学的合作考察，如何让更多的年轻气象科学工作者走上国际合作的道路。未来是属于青少年的。

（原文刊载于《气象知识》1992年第1~2期）

高原科考——荒原建站与冰川、湖泊演变之思

文 图 / 许小峰

　　2019年我参加的这次高原科考主要是针对气候资料稀缺区的相关问题，自然要走北线的高海拔区。西藏的人口分布东多西少，西北有大片无人区，也是气象观测的空白区。从拉萨向西到日喀则后，就要北行了，第一站是那曲市的申扎县，平均海拔高度4700米，这意味着我们的工作"高度"又上了一个台阶——从海拔4000米左右上升到4500米以上。我印象中若按地市算，西藏唯一没到过的市就是那曲了，这次算是填补了空白。

消失中的冰川

早晨的日喀则天气阴沉,小雨时隐时现,一路上变化较快。按通常天气预报用语,时而阴转多云,时而多云转阴,对我们的考察作业有些影响,要把握好有阳光的时机才好做光谱分析。只要老天赏脸,就得抓住,但还需评估所在地的植被类型,不能过于重复,要考虑多样性。今天有趣的事是途中遇到几位"驴友",我们做观测作业时他们在附近休息,热情地招呼我们去吃瓜。我没客气,去吃了一片,顺便聊聊天,沟通信息。得知其中一位男士既是个旅游爱好者,也对冰川情有独钟,虽不算是专业出身,但通过各处巡游,了解许多冰川情况,好像对西藏情况更为熟悉。我问他是否发现近些年来一些冰川的变化,他给了肯定的回答,认为是在退缩。我问他是否保存了能证实的照片,他说有,并答应回去找找后发给

抓住有阳光的时机,迅速做光谱分析

我。晚上通过微信进行了联系，他发了2016年在40冰川拍的照片。这个冰川位于我国西藏浪卡子县与不丹边境附近，因毗邻中国与不丹边界第40号界碑而得名。他又发来了前几天刚拍的，并注明有一块冰山不见了。我询问这是否源于去的季节不同，他回答确实不是同一季节去的，但据他的经验，即便是有季节差异，也不会出现这样大的变化，应是有别的原因。我建议他，以后可以考虑在相同的季节从相同的角度拍一些冰川照片作对比。他说以前没想过，但作为一个喜欢雪山的人，很乐意尝试一下。

途中能有这样的偶遇，增添了一些乐趣。我不懂冰川，仅是从气候角度关注其变化的原因及影响，若能有更多爱好者有意识地关注冰川变化，既有助于在娱乐中提升科学素养，还可以提供一些有价值的信息。国家相关部门会监测重要的冰川变化，但尚难做到全面顾及，可鼓励更多的人参与。冰川退化肯定与气候变化密切相关，且这种变化还会造成进一步的影响，包括诱发自然灾害。如2018年10月，金沙江、雅鲁藏布江沿岸先后发生山体滑坡，形成堰塞湖，在西藏昌都市江达县和林芝市米林县引发灾害。特别是发生在米林的滑坡，已有较明确的研究成果认为是由冰崩引发，冰崩的背后则是气候变暖。2016年6月和9月，西藏阿里地区也曾先后发生冰崩而引发重大灾害，当时就有人预言这仅是开始。这些情况表明，冰川的变化及可能引发的影响应引起更多关注，从科学研究到实际应用都有迫切需求。

荒原建站

2019年8月11日我们到达改则，就进入藏北的阿里地区了。12日，除了与当地政府和几个部门领导召开了座谈会，交流了关于绿色发展等相关内容的意见及选点观测外，一项重要的任务是要在相对偏远的地点建一个综合自动观测站，较前两个在冰川脚下安装的站要复杂不少。

由于要赶路，上午开完会后没吃饭就出发了。根据已经确定的大致地点，将在距改则县150千米左右的先遣乡一带选择站点。按我的理解，选

科学考察

点的标准大致有几条：资料相对稀缺；位置相对偏远；要有电信信号；交通基本可达。前两个条件与本次考察任务有关，探索在气候资料相对稀缺区获取资料的途径；后两条是要保证信息能及时传出，且具备基本安装条件。至于在条件更差的地区如何获取资料，则是进一步探索的问题了。

150千米，在现代交通条件下确实谈不上远，但对于高原相对偏僻的地区还真不能小视——在泥泞的小路上整整颠簸了5个多小时才到达先遣乡，途中汽车还遇险陷入泥潭，后被另一车拉出。尽管仍是在海拔4500米的高度，经过几天的磨炼，队员们基本算适应了，只要不是登山，就不再有明显的高原反应。今天的状况是，虽无登山累却有行路难。颠簸了5小时后，在乡里每人吃了碗面，便又上车向野外进发去选点了，一直持续到晚上7点多，才最终确定了建站地点——在一个有弱通信信号的荒滩上。好在是西部高原，天黑前我们还有2小时左右的时间。看来今晚回不了县城了，在哪里安营还不确定。

从车上卸下大箱小盒和各种安装工具，队员们便干了起来。一开始进度还算快，司机师傅也来搭手帮忙，对于拼装大的框架和固定螺丝这类活，他们确实很在行，但随着框架成型，进度慢了下来。由于业务尚不熟练，要对着安装图纸一步步来，有些地方错了还要返工，如太阳能板装反了，高原上的辐射再强也派不上用场，只能重来；每条线要准确连接，是细活，急不得，能插上手的人有限。看着这些年轻科技人员干这样的活，不免心存疑虑，这个站真能转起来吗？我多少有些担心：他们没有一个人完整地安装过一台类似的多要素综合自动站，仅是做了些简单培训，竟然就敢"出师"高原来建站了——边干边看手机上的说明、录像，或直接打电话咨询——似乎有点玄。

天渐渐黑了下来，只有挑灯夜战了。靠车灯和手电筒照明，确保了施工能持续，但最终到何时还是未知数。月光下，寒风中，已无退路，只能前行，一直干到23时30分之后，残云散去，满天星斗，自动站终于耸立在了荒原上。最后一个小错误的发生是因未能接上电源插口，造成无信号发出，让大家虚惊一场。

一路颠簸跋涉

夜已深,建站工作还在继续

信号最终接通,通过电信部门的4G通信网络系统将自动站信号送到了北京,那边收到后,经检查与实际情况基本吻合。安装时间虽超出预期,但结果还算好,我担心的事没发生。若真发生了又该怎么办呢?不知道。作为科考,又成功完成了一项任务;但若考虑未来的解决途径,显然还需要顾及更多层面,如成本、维护、安全等因素。大家在自动站下开心地合影留念后,才问起在哪里安顿过夜。队长是做了最坏打算的,准备了帐篷和睡袋,但有多少,能否满足需求,我不知道。还好,此时随队的藏族队员通知说与乡里联系好了,可以返回入住乡招待所,这使我们露宿荒原、仰望星空的"美梦"最终未能实现。

在招待所刚住下,还未准备熄灯,电就自动停了,看来这里能源供应显然不足。我马上想起了白天与县政府谈到的低碳发展问题,当地丰富的自然资源该如何有效利用?高原的阳光孕育着生灵,高原的风吹拂着山野,显然还有未尽之功,期待能找到一个合适的解决方案,充分利用风、光资源满足高原的能源需求。不解决这个基本问题,谈发展、谈生活水平提升,是靠不住的。

一"错"再"错"

藏北高原,分布着众多湖泊,如同散落在高原上的一颗颗明珠。藏语称之为"错",如著名的纳木错、羊卓雍错。如此美丽的湖泊,是高原生态不可或缺的成员,何"错"之有呢?当我们从那曲市的申扎向尼玛行进时,有熟悉情况的队友就说我们下一步将进入"一'错'再'错'"模式,意思是路上会不断遇到湖泊。

在申扎就看到了格仁错,平静的湖面辉映着远方的雪山,一幅很纯净的画面。在去尼玛的路上,最先遇到的是错鄂,一个美得令人感动的湖:水面清澈,近处可以清晰地看到湖底的砂石;远处在阳光的照射下呈现出碧绿色,闪烁着粼粼波光。大自然有时真的很慷慨,此刻又将湛蓝的天空赠予了动人的湖面，多姿的白云从远处的山峦上涌起，舒展至天顶，湖光山色、蓝天白云，如此和谐的搭配，让身临此景的我们不忍离去。

接下来一路上还有色林错、恰规错、达则错等，都各具特色。从科考的角度，最值得关注的是色林错，过了错鄂不久就看到了。此处的水不再呈现绿色，而是一片湛蓝。有人说曾将色林错的照片传到网上，结果被人质疑有假，不相信会有这么蓝的湖水。色林错近年来出现了较大变化，超越了纳木错，成为我国第二大咸水湖、西藏第一大湖。为什么会出现这样的变化，西藏自治区气象局的专家说他们最近通过监测分析，有些初步结论。色林错的扩充来自两个因素：内在水源供给增加；通过兼并重组，领域得到扩充。内在水源的增加主要应是冰冻圈的贡献，最明显的特征是冰川退缩和雪线上升。气候变暖使大自然原本的平衡被打破，山上的冰雪少了，湖水增加，这样解释逻辑上是通的。除了显性的冰雪，另一个贡献或许还有冻土层的变化。尽管不易从表象上察觉，但气象局的监测记录是可以证实的，冻土层的退化会使土层变干，保水功能降低。水能去哪呢？此处不留，自然另寻所依，不是蒸发上天就是流入湖泊了。所谓兼并重组，

藏北高原上星罗棋布的湖泊

如同蓝宝石般的色林错湖水

则是由于色林错周围有一些"小兄弟"构成湖泊"兄弟联盟",包括独立的湖泊和不成规模的水塘洼地,大家原本"和睦相处",界限分明,相安无事;但由于以上提到的水源供给增加,各自争相扩充,水面普遍增高,湖水连成一片,你中有我、我中有你,最终结果是色林错还在,一统水域,"小兄弟"们则失去了自我,无奈地归属"大哥"了。其中最重要的一次兼并发生在2004年前后,色林错将靠近的雅根错收入麾下,使自身面积迅速扩充了200多平方千米。这类兼并是否还会继续呢?仅从地图上看,错鄂也有点儿玄,但愿色林错不要如此疯狂,放"小兄弟"一马,使其保持原本特色。

这会产生一个疑问:纳木错为什么会被超越,为什么不能像色林错那样扩展?实际上,根据西藏自治区气象局十几年来的监测数据,纳木错面积同样也在增加,只是增长速度较缓慢,不如色林错迅速。1975年色林错面积为1621.77平方千米,纳木错为1946.6平方千米;2003年色林错为2058.09平方千米,纳木错为2010.72平方千米,从面积对比看纳木错首

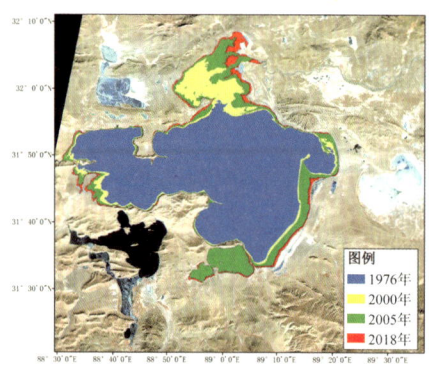
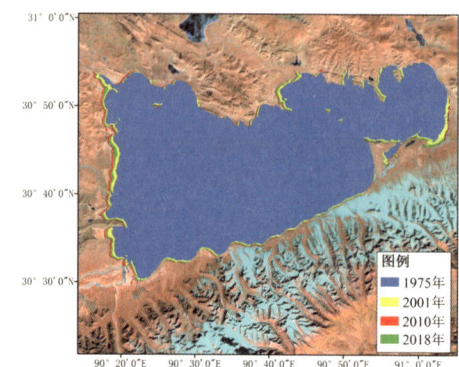

持续扩张的色林错　　　　　　　　稳定少变的纳木错

次被超越；到2018年，差距进一步扩大，色林错为2372.18平方千米，纳木错面积扩充缓慢，仅为2011.01平方千米。可以从两个角度解释这一现象：纳木错称王一隅，独大多年，该兼并的早已兼并，失去了可扩充的生态体系，导致在与气盛的追赶者色林错争大的过程中败北，无力扭转；另一个原因是目前评价湖泊大小的指标是面积，而非体积，这使得具备兼并条件的色林错更有优势，最终胜出。不知是否有人从湖水体积角度做过分析，结论或许会有些差别。

在西藏民间还有一种说法，纳木错被称为圣湖，色林错为魔鬼湖。从色林错不断攻城略地、扩充地盘的特点看，确实有些魔性；而纳木错则显得优雅、尊贵、纯净、圣洁，自然不会觊觎他人所有。

冰雪、冻土是气候变暖的受害者，但对这种加害它们不会忍气吞声，当奋起反击时，必然会引发对大气、陆地、生物等的进一步影响，如地质灾害的发生、高原草甸的退化等，这些是需引起特别关注的。我们的科考旅途可以一"错"再"错"，享受自然风光，但人类对自己不合理的发展模式、行为方式要有所约束，及时纠正，不能一错再错，以致失去纠错的机会。自然生态若持续衰退，人类命运也不会好到哪去。

（原文刊载于《气象知识》2020年第2期）

气候变化
QIHOU BIANHUA

浅谈厄尔尼诺现象及其影响

文 / 翟盘茂

何为"厄尔尼诺"

1997年春夏之交,热带中、东太平洋海温再次异常升高,又形成了一次新的厄尔尼诺事件。这是一次来势很猛、发展迅速的强厄尔尼诺事件。从其发展趋势来看,8月和9月赤道东太平洋的海温已经达到了半个多世纪以来历史同期最高值,这次事件的强度目前已与20世纪最强的1982—1983年厄尔尼诺事件相当,如果进一步发展,很可能要超过1982—1983年的事件。

"厄尔尼诺"为"ELNINO"的音译,为西班牙语"圣婴(上帝之子)"的意思。在南美厄瓜多尔和秘鲁沿岸,受来自高纬度冷洋流和涌升流(下文将介绍)的影响,海水温度比同纬度的太平洋西部明显偏低。每年圣诞节前后,当地海水都会出现季节性的增暖现象。海水增暖期间,渔民捕不到鱼,常利用这段时间在家休息,渔民们就把这种每年一度出现在圣诞节前后的海水增暖现象称为"厄尔尼诺"现象。在有些年份里海水增暖异常激烈,暖水区一直发展到赤道中太平洋,持续的时间也很长,它不仅严重扰乱了渔民的正常生活,引起当地气候反常,还会给全球气候带来重大影响。现在,"厄尔尼诺"一词已被气象和海洋学家用来专门指这些发生在赤道太平洋东部和中部的海水异常增暖现象。

气象学家们还发现,南太平洋和印度洋的海平面气压之间存在着"跷跷板"式的关系,往往一边气压升高,另一边气压降低,此现象被气象学家们称为"南方涛动"(Southern Oscillation)。南方涛动与厄尔尼诺的关系极为密切,厄尔尼诺期间南太平洋地区海平面气压下降而热带西太平洋至印度洋地区气压上升。所以人们又把厄尔尼诺和南方涛动合起来称为"恩索"(ENSO)。

气候变化

厄尔尼诺不是一种孤立的海洋现象，它是热带海洋和大气相互作用的产物。其物理过程十分复杂，科学家们对厄尔尼诺的形成机制虽然有了一定的了解，但还不完全清楚。

厄尔尼诺的发生具有准周期性，通常2~7年发生一次，但并不遵循严格的周期。1950年以来共发生了14次厄尔尼诺事件，分别发生在1951年，1953年，1957—1958年，1963年，1965—1966年，1968—1969年，1972年，1976年，1982—1983年，1986—1987年，1991—1992年，1993年，1994—1995年，以及1997年。厄尔尼诺事件一般持续时间约为一年，短的仅半年，1950年以来最长的事件持续了约1年半。20世纪90年代以来，厄尔尼诺事件发生尤为频繁，其中在1991—1992年，1993年，1994—1995年连续发生了三次。这些事件不仅给海洋生物带来巨大影响，而且还使世界各地气候异常事件频繁发生。

厄尔尼诺与海洋生物

在大洋洋面上，大气低层风驱动着表层海水的流动，由于受到地球自转偏向力的影响，海水并不顺着风向流动，而是在北半球偏向它的右侧，在南半球偏向它的左侧。南美北部太平洋沿岸盛行东南信风，风向平行于海岸，因此海水的流动是离岸的，沿岸表层没有海水来补充，迫使表层以下的海水上升，以替代流走的海水，使这个地区出现冷海水上翻现象，生成巨大的涌升流，使得该地区海温偏低。涌升流把海洋深层营养丰富的物质带到海面，受到阳光照射后，浮游植物利用这些营养生成叶绿素使自己大量繁殖，为靠吞食浮游植物生存的浮游动物提供了丰富的食物，再影响到海洋食物链中高一层次上的鱼类等海洋生物。

当厄尔尼诺发生时，南美沿岸涌升流减弱，无法把海洋下层营养丰富的冷海水带到海面，正常的食物链遭到严重破坏，浮游生物大量减少，很多鱼类失去了赖以生存的食物。东风减弱又使赤道太平洋海平面高度西部降低、东部上升，表层海水沿赤道向东涌。这股较暖的海水在数月之后到达太平洋东侧时，被迫沿海岸向南和向北流动，导致鱼类大量迁移或死亡。这种影响可以北至加拿大，南至智利中部沿岸。因此，厄尔尼诺常常给赤道中、东太平洋沿岸国家渔业带来巨大损失，例如，1970年秘鲁的鱼捕获量达1200万吨，而经过1972年的强厄尔尼诺，1973年陡降到200万吨以下。由于鱼类的大量消失，海鸟也因得不到食物而迁徙或死亡，南美沿岸国家又因此失去了宝贵的鸟粪肥料，使当地农业生产和国民经济也受到了很大影响。厄尔尼诺期间赤道东太平洋和秘鲁沿海等地区海平面高度上升也是海洋许多生物遭灾的一个原因。1982—1983年强厄尔尼诺期间，圣诞岛海平面高度上升，出现了大量海鸟被迫抛弃巢中幼鸟，在茫茫无际的大洋上绝望地寻觅食物的惨象。其他海洋动物也难逃劫难，到1983年中期海洋状况恢复正常时，当年25%的成年海豹和海狮以及全部的幼崽丧生。

厄尔尼诺与气候

正常情况下，赤道太平洋地区东风强劲，处于太平洋东部的冷海水区域上方的空气温度低、密度大，难以把水汽抬升到能够成云致雨的高度。因此，这一带洋面上空通常为无云或少云天气，年降水量只有500毫米左右；而印度尼西亚以西的热带太平洋暖海水区域，则雨水十分丰沛，年降水量一般在2000毫米以上。

但是，当某种原因引起信风减弱时，维持赤道太平洋海面东高西低的支柱被破坏，冷水与暖水的区域就要发生变化，西太平洋暖的海水迅速向东蔓延，以前覆盖在热带西太平洋海域的暖水层变薄，海温在太平洋西侧下降，东侧上升。同时，赤道东太平洋的涌升流也随信风减弱而减弱，暖海水逐步占据了赤道中、东太平洋地区。当这种增暖达到一定程度并持续几个月以上时，被称为一次厄尔尼诺事件。温暖的海域又是大气能量的宝库，它加热海洋上空的潮湿空气，潮湿空气变轻并上升，形成对流云，使

得这些地区降雨增加。热带西太平洋地区的多雨区随着海洋温度的改变而向东移动，直接导致印度尼西亚、澳大利亚、印度发生干旱，中太平洋及南美太平洋沿岸国家异常多雨，甚至引起洪涝等灾害。例如，印度季风与厄尔尼诺有很大的相关性，在1871—1990年间发生的26次厄尔尼诺中，有22年印度降水偏少或干旱，其中最严重的几次干旱都发生在厄尔尼诺年。在1991—1992年，1993年，1994—1995年三次厄尔尼诺事件期间，澳大利亚东部经历了近60多年来最严重的干旱，持续时间长达4年之久，中南半岛、菲律宾、印度尼西亚也先后发生了不同程度的干旱。厄尔尼诺引起的持续干旱，使得这些地区的粮食和经济作物受到严重损失。

厄尔尼诺不仅改变了整个热带太平洋上空的大气状况，而且还影响到热带的其他地区，甚至会导致热带以外地区的气候异常。研究表明，厄尔尼诺还与非洲东南部和巴西东北部的干旱有联系；也对大西洋飓风有明显影响，厄尔尼诺年大西洋飓风日数明显减少；对西太平洋台风的活动也有一定影响，厄尔尼诺年登陆我国的台风数也较少，如1997年只有4个台风登陆我国，明显少于常年的7~8个，但也有例外的情况，如1957—1958年及1991—1995年三次连续的厄尔尼诺期间我国也出现登陆台风较多的情况。此外，厄尔尼诺还与热带以外的地区如加拿大西部和美国北部暖冬以及美国南部冬季降水偏多相联系；与日本及我国东北的夏季低温、日本和我国的降水等也具有一定的相关性。但气候形成的原因是多方面的、错综复杂的，它常常是各种气候因子综合作用的结果。在热带地区，尤其是热带太平洋地区，厄尔尼诺对气候的影响最为显著，但在热带以外地区，如中国，厄尔尼诺对气候的影响就比较复杂。况且每次厄尔尼诺的出现时间、区域以及强度上都存在着很大的差异，不同类型的厄尔尼诺对气候造成的影响也不尽相同，很难断言厄尔尼诺发生时我国某个地区的气候一定会发生某种特定的异常。

（原文刊载于《气象知识》1997年第6期）

南极臭氧洞的新发现

文 / 陆龙骅

  2002年9月中旬，中国气象科学研究院极地气象研究室得到来自我国南极中山站的报告，2002年8月下旬以来，中山站观测到的大气臭氧总量明显偏高。特别是进入9月以后，本该出现的臭氧低值没有出现，相反还几次出现臭氧观测值大于400多布森单位（较正常值高30%～40%）的情况，这表明南极臭氧洞出现了异常变化。

  南极臭氧洞，与全球变暖一样，是人们广泛关注的热点问题。在报纸、杂志及电视等媒体上，也经常出现诸如"大气臭氧层耗竭""地球生命保护伞臭氧层出现漏洞""南极臭氧洞日益加大"等大字标题。究竟南极臭氧洞是怎么一回事？近年来是怎么变化的？南极臭氧洞生成和异常的原因是什么？南极臭氧洞的出现又能给我们哪些警示呢？

什么是臭氧

  臭氧是大气中由3个氧原子组成的一种微量气体，主要分布在平流层中，通常最大浓度出现在离地22～27公里的地方。如果把大气中的臭氧全部收集起来，那么在气压为一个标准大气压和温度为0 ℃的标准情况下，大气臭氧总量的全球平均累积厚度仅3毫米，也就是大致只有2个5分硬币那么厚。臭氧总量通常用多布森单位来度量，1个多布森单位指的是，标准情况下臭氧总量累积厚度为0.01毫米。3毫米就是300个多布森单位。虽然臭氧在大气中含量很少，但由于它能大量吸收太阳紫外线辐射，对地球生态系统和大气环境有重要影响。若大气臭氧耗损，到达地面的太阳紫外线辐射增强，将导致人类皮肤癌和白内障发病率增加，免疫力下降；还会使农作物减产，浅海浮游生物受损。同时，臭氧也是一种温室气体，对全球气候变暖有间接影响。

气候变化

臭氧洞是怎么一回事

南极臭氧洞指的是在南极地区出现的臭氧总量低于全球平均值30%～40%的闭合低值区（通常这个值设定为220多布森单位）。自20世纪70年代末以来，全球臭氧总量是下降的，尤其是在南极地区下降最明显。在20世纪80年代中期，日本和英国科学家先后发现，春季南极大气臭氧总量值与10年前相比减少了30%～40%，随后美国科学家用卫星资料也证实了这一结果。在春季，南极地区臭氧总量急剧减少，会出现低于全球平均值30%～40%的闭合低值区，与周围地区相比，就显得南极洲上空出现一个臭氧低值的"空洞"，这就是南极臭氧洞。

近年来的南极臭氧洞

南极臭氧洞只出现在南极的春季（8—11月），并不是全年都存在的。通常南极臭氧在7月下旬开始减少，8月中旬后就出现较为明显的臭氧洞（中心数值低于220多布森单位），9月下旬到10月上旬臭氧洞面积最大，10月底后臭氧急剧增加，臭氧洞逐渐填塞，12月中旬恢复正常，就不再有臭氧空洞了。南极臭氧洞的强度和范围时大时小，各年是有变化的，"臭氧洞"中的最低值也是波动的。1979年春季，南极地区刚出现臭氧洞时，范围并不大，随后臭氧洞的范围逐年扩大；1987年时，春季臭氧洞的面积最大达2000万平方公里；1988年后则稍有缓和；1990年以后，南极"臭氧洞"现象再次加剧，在2000年南极臭氧洞面积最大，维持时间也长。近10年来，南极臭氧洞最大时面积已超过2800万平方公里，差不多有3个中国那么大，占据了整个南极洲；臭氧最低值小于90多布森单位，与正常值相比耗损了70%左右。去年，也就是2001年，春季的南极臭氧洞与近10年来的最大值接近，臭氧洞维持了近4个月，最大时面积超过2500万平方公里。

在南极臭氧洞期间，也并不是南半球所有地方臭氧都同样地减少，臭氧低值中心常常偏向于西南极的南极半岛一侧，且都曾一度短暂地伸展到有人居住的南美洲最南端。南半球中纬度地区，尤其是澳大利亚至新西兰一侧，在南极臭氧洞期间一直维持总量为350～450多布森单位的臭氧高值区。

2002年南极春季臭氧洞明显变小

中山站位于春季南极臭氧洞边缘地区,观测资料对研究南极臭氧洞的变化有重要意义。接到南极中山站的报告后,中国气象科学研究院极地气象研究室的科研人员首先对中山站大气臭氧观测仪器的工作情况及资料可靠性进行了确认,接着在国际互联网上对世界气象组织和美国宇航局、国家海洋和大气局等发布的有关资料进行了调研。2002年8—9月,中山站的臭氧观测结果与世界气象组织和美国宇航局等机构在网上发布的卫星观测臭氧分布图是一致的,都表明2002年南极臭氧洞较为特殊。

在2002年9月上旬,臭氧洞面积明显小于常年,范围只有前两年的一半左右,位置偏西;且在靠近澳大利亚一侧的大气臭氧值明显偏高,原在50°～55°S附近的臭氧高值带,范围扩大,并南移到60°S附近。特别是9月底到10月初,也就是往年南极臭氧洞最大时,2002年南极臭氧洞却小得可怜,最小面积不到300万平方公里,只有近10年来平均值的1/7;与此同时,西南极50°～80°S的广大地区臭氧值偏高,其最大值达500多布森单位,较正常值高出60%～70%。

南极臭氧洞生成和异常的原因

对于形成南极臭氧洞的原因,各国科学家通过气球、飞机、火箭、卫星及地面站等多种现代化观测方法获取了大量资料,并用计算机进行了分析和模拟研究。研究成果表明,南极臭氧洞是大气动力、光化学和平流层冰晶云等因素相互作用和影响的产物。南极臭氧洞的形成、发展和填塞,与大气环流,特别是与平流层涡旋的活动密切相关。人类活动排放到大气中的氟利昂和溴化烃等含氯和溴的化合物,在平流层冰晶云表面,会通过光化学反应大量消耗臭氧。而为光化学反应提供活动界面的平流层冰晶云,只有在温度低于－78℃时才出现。春季南极平流层极地涡旋中的低温,是形成平流层冰晶云的必要条件,只有在平流层冰晶云表面吸附了大气污染物质,才能通过光化学反应大量消耗臭氧,在南极春季形成臭氧

气候变化

洞。2002年南极春季臭氧洞的异常也与平流层温度偏高、极地涡旋强度和位置的异常有关。

南极地区是一块由海洋包围的冰雪大陆,而北极却是一片由大陆包围的冰雪海洋。海陆分布等下垫面特征差异,对气候和大气环流都有很大影响。例如,全球的最低气温是出现在南极地区,南极的最低温度至少要比北极低20 ℃;在平流层极地涡旋中,南极的温度也低于北极。在北极春季,平流层中经常会出现爆发性增温,平流层温度高于南极,很难维持平流层冰晶云,因此,不会形成臭氧洞。

环境保护刻不容缓

虽然目前对南极臭氧洞和全球性臭氧减少的成因,人们的认识还不尽一致,但由此而引起的对保护地球环境重要性的认识却较为一致。1995年,荷兰气象学家克鲁岑和两名美国大气化学家(莫利纳、罗兰)一起,因证明了人造化学物质对臭氧层有破坏作用,阐述了对臭氧层产生影响的化学机理而获得了诺贝尔化学奖。"环境保护刻不容缓"是南极臭氧洞给人们的最重要的警示。不能因为某些年南极臭氧洞变小而对环境保护掉以轻心。

人类只有一个地球,环境被污染后,其影响往往很难消除。1个氟利昂分子分解产生的氯离子可以消灭10000个臭氧分子,而由溴化烃分解产生的溴离子对臭氧的破坏作用,比氯离子还要大50倍,它们自身都能再生,在大气层中寿命都很长。即使目前人们不再向大气排放这类物质,其对臭氧的破坏影响仍可以维持几十年至上百年。

中国除积极参与国际合作,采取切实措施逐步淘汰消耗臭氧层物质,大力开展臭氧层保护工作外,还加强了对全球臭氧变化和南极臭氧洞的监测和研究工作。目前,我国大陆有5个站进行大气臭氧监测,南极中山站的气象考察人员正在密切监视着南极臭氧的最新变化情况。

(原文刊载于《气象知识》2002年第6期)

气候变化的挑战
——过去、现在、将来

文/丁一汇

千万年来，地球的气候在不断地变化着，但地质年代的气候变化总体上是缓慢的，而现代气候变化是快速的，它比地质年代的气候变化速率一般要快1000～10000倍。二氧化碳是气候变化的一个关键驱动力。

丁一汇

近百年的现代气候变化是由自然的气候波动与人类活动共同造成的，而近50年的全球变暖主要是由人类活动造成的。这种科学的共识促成了国际政治层面重大决策的产生，即制定了《联合国气候变化框架公约》与《京都议定书》。

气候变化对中国的生态系统和国民经济产生了明显影响，正负面影响皆存，但负面影响会加剧。超过临界值的气候变暖对中国来说主要不是"福音"，而是"灾害"或"灾难"。

应对气候变化的科学发展观在国家、部门与企业、个人三个层面上是一致的。中国政府面临发展和减排的双重任务，社会经济部门与企业既面临着水资源、农业、海平面、重大工程建设等方面的安全问题，也担负着发展高新技术、加快新能源研究的重大任务。个人要尽一切努力节约能源，改变消费模式和习惯，树立牢固的保护气候和环境的意识。

气候变化

全球气候变化的"前世今生"

在地球气候演变的地质年代,地球上的气候有过很暖的时期,那时,大气中的二氧化碳浓度很高,曾达到过3000 ppmv至7000 ppmv(ppmv,指同温度同气压下其体积占空气体积的比例为百万分之一)。

但在1亿年前也曾出现了三次大冰河期,分别发生在22亿～24亿年前、6亿～7.5亿年前和2.8亿年前。那时,万里海洋一片冰封,通过冰—反照率反馈机制,最后全球都被冰封,成了冰雪的海洋。

后来,大陆漂移、板块碰撞使地壳变形,同时又有火山爆发,其排放的二氧化碳"闯入"大气,使大气中二氧化碳的浓度增加。由于二氧化碳产生温室效应,并且风吹降尘,染黑冰盖,减少了阳光反照率,地表温度上升到了一个临界值,冰冷坚硬的热带冰层开始融化。从此,气候变暖增强并扩展到全球,最后整个地球成了无冰的"水球"。直到1亿年前左右,地壳板块运动减慢,地球上的气候才进入稳定状态。

6500万年前,白垩纪结束,温暖的气候也随之结束了。此后,地球气候不断变冷。到了250万年前,气候十分寒冷。但在6000万年前以来的气候变冷期,总体上气候比今天暖,二氧化碳浓度比今天高。

由上可见,无论在任何时期、有任何起因,地质资料都告诉我们,二氧化碳与温度变化以相同的趋势在演变,二氧化碳是气候变化的一个关键驱动力。

人类排放的二氧化碳是地球气候变化在近代的一个新的驱动力。观测结果表明,工业化以来,大气中的温室气体明显增加,目前二氧化碳的浓度达到了42万年来的最大值,而20世纪也是过去2000年中最温暖的100年。地质结构(如板块运动)和火山爆发、温室气体的变化(自然产生和人类活动产生的)、气候系统内部的变化等,共同推动了地球现代气候变化。

根据米兰科维奇循环理论,气候平均具有周期为10万年的"冰期—间冰期"循环。这种自然的轨道强迫可在几千年时间的尺度上影响关键的气候系统，如全球季风、全球海洋环流、大气的温室气体含量等。我们目前处于末次间冰期后期，但其将向冰期演变的冷却趋势却不会减缓现代全球变暖的步伐。科学家们指出，至少在3万年之内地球不会自然地进入下一个冰河期。

人类活动：现代气候变化的一种主要驱动力

在关于气候变化成因的认识方面，IPCC（政府间气候变化专门委员会）加快了前进的步伐。IPCC第三次评估报告（2001年）指出，新的、更强的证据表明，过去50年观测到的大部分增暖"可能"归因于人类活动（66％以上可能性）；而其第四次评估报告（2007年）指出，人类活动"很可能"是气候变暖的主要原因（90％以上可能性）。

有三方面的证据，让躲在工业化后二氧化碳增加背后的"真凶"显露原形，它就是化石燃料的燃烧。首先，南极和格陵兰冰芯记录表明，在工业革命前后，大气中二氧化碳开始迅速增加，从那以后，其浓度变化大致与化石燃料消耗的增长率相近；其次，北半球大气二氧化碳浓度比南半球的要高一些，因为大多数强排放源位于北半球；第三，大气中氧含量每年减少3 ppmv，这与大气中二氧化碳的增加是相对应的，因为二氧化碳是燃烧的产物。

气候变化超过临界点："灾害"而非"福音"

通过气候模式，专家预测出不同排放情景下的增暖结果——地球将进入一个更温暖的时期。在多个温室气体排放情景下，21世纪末全球平均升温幅度大致为1.1～6.4 ℃。在低排放情景下，升温1.1～2.9 ℃；在高排放情景下，升温2.4～6.4 ℃。陆地上和大多数北半球高纬度地区的增暖最为显著，而南大洋和北大西洋的增暖最弱。高纬度地区的降水量可能增多，而多数副热带大陆地区的降水量可能减少。

气候变化

全球气候变暖对未来自然生态和经济社会发展将产生长期、显著的影响。气候变化的影响有正面的和负面的，但其负面影响更值得关注。研究指出，当温度上升到一定程度时，气候变化的影响以

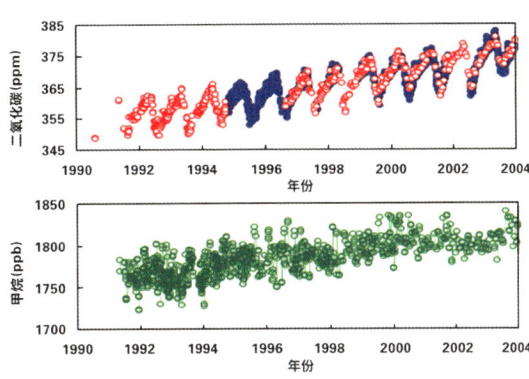

温室气体增长趋势曲线

负面为主，《联合国气候变化框架公约》中称其为温度阈值，相当于气候变化的"警戒线"。一旦超过这个"警戒线"，生态系统的平衡将受到威胁，粮食安全不能保障，就会影响人类社会的可持续发展。

全球气候变暖如悬在人类头上的"达摩克利斯之剑"，威胁着人类的生存和发展：

它将导致水资源时空分布失衡的矛盾更加突出，部分地区旱者愈旱、涝者愈涝。它和其他因素综合作用对全球生态系统将造成不可恢复的影响，若全球平均温度增幅超过 1.5～2.5 ℃，20%～30% 的物种有可能会灭绝。

它将导致农业和林业生产自然风险加大，大范围严重饥荒出现概率增大。若全球地表气温增加 1～3 ℃，将造成全球降水分布失衡，极端气候灾害增多、影响加重，导致农业生产自然风险加大，多数地区农作物产量下降。

它将导致海平面上升，沿海地区遭受洪涝、风暴、咸潮以及其他自然灾害的频率加大，严重影响沿海及低洼地区的经济社会发展和生态安全。

它将导致突发公共卫生事件增多、增强，严重威胁人类健康。全球地表温度升高，导致热带常见流行病发生范围向高纬度地区扩展，鸟类迁徙路径和动物生活习性的变化导致应对人禽、人畜共患疾病的难度加大，高温热浪、雾、霾等极端气候事件以及大气臭氧浓度降低、光化学烟雾等极端环境事件增多、增强，威胁老人、儿童、病患等弱势群体的身心健康。

气候变暖对中国来说，主要不是"福音"，而是"灾害"或"灾

位于印度洋中的南亚岛国马尔代夫，1200个岛屿的平均海拔只有1.5米。一批科学家发布的最新报告表明，如果目前全球变暖的趋势得不到遏制，那么马尔代夫和其他一些地势低洼的国家可能会因为海平面上升而在本世纪消失（新华社提供）

难"。从1986年冬季开始，中国已连续经历了21个"暖冬"；强降水事件的发生频率增加；自20世纪60年代以来，全国每年阴霾天气发生的总频次呈明显增加趋势；1955—2005年黄河源和黄河上游年平均流量均呈显著减少趋势；大部分冰川融化退缩；草原面积不断减少……如不采取应对措施，到2030年中国种植业产量可能会减少5%～10%，未来中国水资源供需矛盾可能会加剧。

应对气候变化：该出手时就出手

对于气候变化，越早采取有效的减缓措施，经济成本越低，减缓效果越好。这是英国经济学家斯特恩给人们的忠告。

若不采取进一步措施，未来几十年温室气体排放量仍会持续增长。但对中国这样一个发展中大国来说，适应气候变化同样重要。

对中国来说，首先要适应气候变化，加强防灾减灾能力建设，建立重

气候变化

大气象灾害的监测、预测和应急保障系统，把由气候变化可能造成的损失降到最低。大多数发展中国家抵御气候变化负面影响的能力较低，脆弱性偏高。对人口稠密、经济发达的大城市来说，一旦灾害来临，及时、有效的应急系统可保持社会稳定，减少损失和人员伤亡。

发展低碳经济，实施可持续发展。调整能源和产业结构，提高能源利用效率；大力发展低碳技术，用低碳或零能源新技术代替高碳化石能源，使我国在发展经济的同时，达到保护气候与环境的目标。我国气候资源丰富，开发利用潜力巨大，应扩大太阳能、风能、核能、水能等的利用规模，提高利用水平和利用效益。

坚持"发展、适应、减缓"并举的理念，改变生产和消费模式。要继续转变经济增长方式，通过提高能效、改善和转变能源结构等措施减少温室气体排放。以调整经济结构为先导，以改善消费结构和生产生活习惯为着力点，合理控制全社会能源消耗。采取农业结构调整、生态建设、环境保护等综合措施，建设资源节约型和环境友好型社会。

树立牢固的保护气候与环境的科学意识，积极节约能源，改变个人的生活和消费方式，实现国家、部门和企业、个人（公众）在不同层面、同一目标下协调一致的行动。

中国是遭受气候变化不利影响较为严重的国家之一。

反观中国的排放问题，要注意以下三个因素：一是中国属于发展中国家，正处于工业化、现代化的过程中，城乡、区域、经济社会发展仍不平衡，人们生活水平还不高，中国目前的中心任务是发展经济、改善民生；二是中国人均排放较低，人均累积排放更低，而且排放总量中有很大一部分是保证人民基本生活的生存排放；三是由于国际分工变化和制造业转移，中国承受着越来越大的国际转移排放压力。

（原文刊载于《气象知识》2009年第6期）

非政府间气候变化专门委员会报告到底说了什么

文 / 刘波

从非政府间气候变化专门委员会（NIPCC）的名字我们就不难看出，这个组织成立的目的就是为了和IPCC（政府间气候变化专门委员会）"叫板""PK"，它的主要工作也是发布气候变化的评估报告，但其报告与IPCC报告的内容是针锋相对的，核心观点是截然相反的。截至目前，NIPCC在2008年、2009年、2011年、2013年、2014年和2015年分别出版了《自然，而不是人类活动控制着气候》《气候变化的再思考》（2009年、2011年、2013年、2014年、2015年），后面出版的《气候变化的再思考》（Climate change reconsidered）主要是对第一篇决策者摘要《自然，而不是人类活动控制着气候》（Nature, not human activity, rules the climate）观点强化和补充，因此，在这里我们重点介绍第一篇报告的主要内容和观点，以后有机会再对后面新报告的内容进行讨论。在这里必须要强调一点，写这篇文章的目的并不表明作者支持NIPCC的观点，只是希望读者能够了解更多气候变化的研究成果。兼听则明，偏信则暗，聆听不同的声音，了解和学习不同的科学观点，不仅对于提高公众对气候变化问题的认识，加深理解，推动相关科学研究工作具有重要意义，而且对于培养人的科学思想，训练人对待和处理问题的方法，继而提高基本科学素质都具有重要的促进和推动作用。

相对于IPCC的第一份报告发表于1990年，NIPCC的第一份报告在2008年4月才第一次与世人见面。该报告由美国国家海洋大气顾问委员会前副主席辛格担任主编，美国、德国、英国等多个国家的23位科学家参加了编写，报告正文共分10章28页，除去第一章引言和第十章结论外，主要

气候变化

的观点包含在以下8章里：第二章 现代气候变暖在多大程度上是由于人类活动引起的？（How much of modern warming is anthropogenic?）；第三章 绝大部分现代变暖是自然原因造成的（Most of modern warming is due to natural causes）；第四章 气候模式是不可靠的（Climate models are not reliable）；第五章 海平面上升的速度不可能增加（The rate of sea-level rise is unlikely to increase）；第六章 人类活动排放的温室气体加热海洋了吗？（Do anthropogenic greenhouse gases heat the oceans?）；第七章 对于大气中的二氧化碳我们有多少了解？（How much do we know about carbon dioxide in the atmosphere?）；第八章 人类排放的二氧化碳的影响具有不确定性（The effects of human carbon dioxide emissions are uncertain）；第九章 适度增暖对经济的影响很可能是积极的（The economic effects of modest warming are likely to be positive）。下面我们就一个问题一个问题地向大家介绍NIPCC第一份报告的主要观点或问题。

第一个问题和观点：现代气候变暖在多大程度上是由于人类活动引起的？

IPCC第三次评估报告中引用了曼恩等人绘制的千年温度变化曲线，就是现在大家通常所说的"曲棍球杆"。这条曲线完全忽略了中世纪暖期（900—1300年，离我们最近的一个温暖期）和小冰期（1200—1900年，离我们最近的一个寒冷期），但格陵兰冰盖洞穴温度、北大西洋海温的代用资料（一些自然的或人文的资料，通过一系列反演过程来获得早期的气候和环境信息，这些资料通常被称为气候环境变化的代用资料，如历史文献记录、冰芯、湖泊沉积、树轮等）均显示有明显的中世纪暖期和小冰期，"曲棍球杆"曲线的目的就是要证明20世纪是近千年最暖的一个世纪，以此来证明现代变暖是由人类活动的影响导致的。

温度变化与二氧化碳变化相关性不好，二氧化碳上升既可以对应气候变冷，也可以对应温度上升。例如，1940—1975年气候变冷，但二氧化碳上升很快；2001年之后卫星观测的温度没有上升趋势，二氧化碳上升还是很快。

指纹（fingerprint）检验的对比检验结果没有得到采用。IPCC认为温度变化随高度及地理位置的分布与二氧化碳加倍模拟的结果一致，说明气候变化是人类活动造成的。但根据美国气候变化科学计划（CCSP）的资料，对流层温度上升不如地面温度上升剧烈，而所有的模式均表明大气中二氧化碳浓度加倍时升温最高的地方在距地面10千米，大概为地面升温值的两倍。这说明要么地面温度资料有问题，要么对流层温度有问题，还有一种可能就是"人类活动是气候变暖的主要原因"不能成立。

地面温度观测不可靠。首先，城市热岛效应很难排除。其次，海面温度观测技术混乱，有浮标、卫星、船舶观测，很难同化。第三，观测站覆盖面不足。如果按最低要求5°×5°经纬度一个格点，全球需要2592个格点，近20年从大约1200个格点减少到600个格点，覆盖面由46%下降到23%。

结论：人类活动是气候变暖主要原因的论点未得到证实。

气候变化

第二个问题和观点:现代变暖是自然原因造成的

IPCC第三次评估报告完全忽视了太阳活动对气候的影响。即使在20世纪90年代初发现20世纪的温度与太阳活动的11年周期变化之间存在惊人的一致之后,IPCC评估报告也只是讨论了太阳总辐射与气候之间的关系,但总辐射的变化只有0.1%。IPCC第四次评估报告又把已经很低的太阳辐射强迫减小了1/3,以至于其影响只有人类活动的1/13。

最近的研究表明,太阳紫外线辐射或太阳风及其磁场对宇宙射线的作用能影响云盖,IPCC报告完全忽视了这一点。太阳活动的变率可以解释1940年前的变暖及随后的变冷、中世纪暖期和小冰期、准1500年气候振荡乃至6000～9000年前全新世的气候变化。

结论:太阳风变率是10年尺度气候变化的主要原因。

第三个问题和观点:气候模式不可信

模式没有考虑太阳的明暗变化,对云作用的模拟不精确,没有体现水汽的负反馈作用。模式还高估了到达地面的太阳辐射,与观测值差9瓦/米^2,比温室效应的辐射强迫大好几倍。

模式还无法解释许多地球气候特征,如南北半球的"跷跷板"式变化、北大西洋涛动(North Atlantic Oscillation,NAO)、北大西洋多年代际振荡(Atlantic Multidecadal Oscillation,AMO)、太平洋十年间涛动(Pacific Decadal Oscillation,PDO)、厄尔尼诺时间、印度季风、亚洲夏季风降水以及区域降水。(作者注:NAO,AMO和PDO都是表征气候的重要指数)。

结论:IPCC所用的气候模式未能描绘一个随机的、不封闭的气候系统,因此,其对未来的预测不可信,不能用于政府的政策中。

第四个问题和观点：海平面上升不可能加速

对最近海平面上升的估计是不可信的。最著名的马尔代夫群岛，过去30年海平面下降了20~30厘米。20世纪全球平均海平面每年上升1.8毫米，未见任何加速。

前4次IPCC评估报告都是用自下而上的模式分析全球海平面变化。分别估计冰川融化及海洋膨胀的影响，再加上格陵兰和南极冰盖物质平衡。南极冰盖的增加正好可以平衡冰川融化和海洋膨胀。所以海平面才以一种稳定的速度上升。

前4次IPCC评估报告预测的海平面上升，一次比一次低。第一次评估报告估计到2100年最高可上升367厘米，第二次到第四次评估报告的估计分别为124厘米、77厘米和59厘米，而根据辛格的估计，最大尽可能上升20厘米。

结论：海平面不可能加速上升。

第五个问题和观点：人类活动产生的温室气体会加热海洋吗？

人类活动产生的温室气体会加热海洋吗？2005年汉森（Hansen）宣布他发现了人类活动造成变暖的"烟枪"。但是他的分析是错误的。他过高地估计了海洋热储藏。海洋表面吸收的红外辐射，有多少返回大气，有多少用于蒸发，还缺少统一的认识。

更基本的问题是海面温度（SST）的观测。过去25年来多用浮标，观测的是水面下几厘米的SST。而早期多用船舶，观测的是水面下几米的SST。下面SST低，自然会造成虚假的SST上升。

很少人真的相信1940年之前SST的上升是人类活动造成的，因为那时还没有大量应用化石燃料。

结论：IPCC没有讨论这些问题。

气候变化

第六个问题和观点：我们对大气中的二氧化碳了解多少？

由于使用化石燃料，全球二氧化碳排放增长率1850—1915年平均每年4.4%，1915—1945年由于全球经济萧条下降到平均每年1.3%，1945—1975年二战后又上升到每年4.3%，1975—2000年由于能效技术的大量使用又下降到每年1.2%。北半球二氧化碳增加得快，这证明是人类活动造成二氧化碳增加，但是北半球二氧化碳季节变化振幅增加，说明二氧化碳施肥作用使生物界扩大，对此IPCC很少讨论。

现代二氧化碳模式中包括一个未知的汇。假定这个汇在工业化之前不存在，只是由于大气中二氧化碳浓度增加才出现。未来这个汇是增强还是减弱？

人类排放的二氧化碳同观测到的大气中二氧化碳的增加有一个差。一般假定这一部分二氧化碳被海洋、土壤及生物界吸收了。在IPCC第四次报告中提出"剩余陆地汇"。最新研究表明这个汇可能存在热带森林中。

海洋对调节大气中二氧化碳有重要作用。海水每上升1℃吸收的二氧化碳减少4%。冰芯资料表明二氧化碳的变化落后而不是超前于温度变化数百年。IPCC报告仅指出冷海洋部分吸收二氧化碳，而暖海洋部分释放二氧化碳。应该仔细研究这个过程，并考虑洋流。

结论：我们对大气中二氧化碳的生存时间、源、汇了解得还很不够。

第七个问题和观点：人类排放二氧化碳的影响是温和的

IPCC第四次评估报告过高地估计了未来人类排放的二氧化碳。

主要是在经济上过高地估计了发展中国家的发展，因此，过高地估计了长期（不是短期）二氧化碳排放。高浓度二氧化碳对植物及生物有利，甚至对海洋的珊瑚礁也不构成危害。高浓度二氧化碳不会使极端天气事件、风暴、飓风更频繁。第四次评估报告宣称："炎热事件、热浪、大雨非常可能将继续变得更频繁。"这就是说现在已经频繁了，但事实不是这样。

结论：高浓度二氧化碳对动、植物生长有利，并不可能造成极端天气事件。

第八个问题和观点：适度增暖对于经济的影响是积极的

过去认为随着温度的上升，发病率及死亡率将增加。但是冬季死亡率及发病率远高于夏季。即使夏季温度升高会使一些地区的发病率及死亡率增加，也会被因冬季升温发病率与死亡率的大幅下降而平衡。

温度上升使生长季变长有利于农业及林业，还可减少供暖以及建筑造价等。到2060年温度上升2.5 ℃、降水量增加7%、二氧化碳浓度增加到530毫升/米^3，可使美国GDP增加0.2%，约相当于369亿美元。

结论：中等程度变暖对人类健康及经济的影响是正面的。

总结论：IPCC报告的主要结论"1979年之后的全球变暖非常可能（90%～99%）是人类排放温室气体造成的"是错误的。因此，《京都议定书》等国际协议都是不必要的。

最后，需要再次强调一下，本文的目的是让普通公众有机会去更多地了解一些关于气候变化的知识，并不表示作者支持这个观点，我们只是知识的"搬运工"而不是知识的"制造者"。同时，我们也不应该把科学传播或是科学普及理解为知识的灌输，那将是十分狭隘的。科普的任务不仅仅是给大众传播科学的常识，更重要的是传播科学的精神。所谓的科学精神，我想应该至少应当包括：对科学事实的尊重，理性的质疑和探讨，科学的逻辑思维和推理，对事物的客观判断，以及对失败的文化包容和宽恕。

（原文刊载于《气象知识》2017年第3期）

防灾减灾
FANGZAI JIANZAI

从黄岛雷击火灾谈起

文 / 许以平

张学泰/摄

黄岛雷击事件值得深思

青岛市黄岛油库1989年"8·12"大火是我国历史上少有的一起大火。这次火灾是由雷击引起的。自8月12日9时55分起至16日18时全部扑灭为止,燃烧历时104小时,死亡19人,受伤65人,烧毁消防车与指挥车14辆,4万余立方米原油尽焚于火,火焰高达300米,过火面积200亩,直接经济损失3510万元。

防灾减灾

事故出现后，专家们进行了调查研究，发现油罐附近安装的避雷针接地良好，那又为什么会发生雷击火灾呢？

雷击引起火灾有六种形式：一是直接雷击；二是球状闪电雷击；三是雷电直接燃爆油气；四是空中雷雨云放电引起感应电压产生火花；五是绕击雷直击；六是罐区周围对地雷感应电压产生火花。

专家们根据种种迹象分析后确认：前四种雷击形式可以排除，第五种雷击形式可能性极小（绕击率为0.4%～1%），极大可能是由于第六种雷击形式引爆油气。

笔者沿着这条线索，查阅了前几年全国雷击火灾的实例，并对一些重大雷击火灾进行了分析，发现尽管雷击火灾在众多起火原因中属"小概率"事件，然而其危害程度不容忽视。

触目惊心的事实

笔者首先统计了1983—1985年全国11次重大（损失超过10万元的）雷击火灾。这11次雷击火灾的总损失高达1382万元，平均每次雷击火灾损失竟达120万元！这11次重大雷击火灾多发生在4—9月，尤其集中在7—9月的雷雨季节。从时间上来看，集中发生在傍晚到后半夜，正当职工下班和夜间休息时；从雷击目标上来看，集中在仓库（纺织原料仓库、外贸仓库、化工原料仓库等）和机械车间。

下面，我们剖析一下几种主要雷击火灾的情况。

直接雷击火灾

当空中带有某种电荷的雷雨云很低，而周围又没有异性电荷的雷雨云时，这种低雷雨云就使地面上突出物体感应出异性电荷，造成雷雨云与地面突出物之间的直接放电。这种直接在建筑物上或其他物件上的雷击称为直接雷击。其破坏作用是：它的热效应引起物质燃烧；它的机械效应能摧毁建筑物或其他物件；它还能引起高电压冲击波，使电气设备的绝缘被击穿；还会造成人员触电伤亡事故。这是最常见的雷击火灾。1987年5月31日，湖北省境内武当山金顶遭雷击，6名道士受重伤，1500米电话线被烧焦，便是典型的直接雷击引起的。

感应雷击火灾

这种火灾是由于雷雨云的静电感应或放电时的电磁感应作用，使地面上的金属物件感应出与雷雨云电荷相反的电荷，造成放电，因而称之为感应雷击。这种雷击对建筑物不起直接破坏作用，但对易燃、易爆物品聚集的场所有引起燃烧爆炸的危险。这种雷击火灾不易被人们"识破"，故更应引起重视。

1985年7月13日12时许，河北丰宁县城遭雷击。到15时40分，县百货仓库的瓦屋顶上突然冒烟起火。一场大火烧掉了50万元的国家财产。经过当地消防部门的实地勘察，是感应雷击引起的火灾。

这座仓库长61米，宽10.2米，屋顶高7.3米。建筑并不算高，但是周围的建筑物最高不超过6.5米。仓库里存放的货物，80%是布匹。在出事的前一天下午，库内刚搬进一批化纤布。在搬动的过程中，化纤布因摩擦而产生了静电荷。地面上为12厘米厚的木板，因而静电荷不易逸散。工人在库内东西山墙之间，平行拉了两道八号铁丝，横向也拉了几道铁丝，把商品的牌子挂在铁丝上。当中午发生雷击的时候，铁丝上便感应出静电荷，其电压可达几十万伏，能击穿几十厘米厚的空气而放电。化纤布上原来就有静电荷积聚，当金属物上的异性电荷和化纤布上的静电荷接近时，便放电产生电火花。另一方面，平行的铁丝在雷击时，也有电磁感应，在闭合回路中有大电流通过，也会产生电火花。现场勘察发现，在铁丝上有许多"麻点"，这便是雷击的证明。

1985年7月26日，上海造纸工业公司北察仓库也发生过一次类似的大火灾，烧毁了5600余吨各种造纸原料，直接经济损失高达74万元。上海消

防处调集了44辆消防车才把大火扑灭。

当晚7时15分左右,一个落地雷正好打在该仓库上。这些造纸原料都是旧棉絮、废纸、纸浆等可燃物品,燃点最高的也不过200℃左右,用来捆扎这些原料的都是铁丝或铁皮,一旦受到雷击会感应到很大的电流而又无法导出。结头处因电阻较大会产生电火花,铁丝铁皮上也会因大电流通过产生高温,使燃点不高的原料起火。

球状雷击火灾

这是一种特殊的闪电雷击引起的火灾。平时不多见,一旦发生,后果相当严重。1983年9月10日,上海嘉定桃浦二库发生的一次大火,把正待出口的大量麻袋、山芋干等物品烧尽,保险公司赔偿750万元,就是球状闪电雷击引起的火灾。原来10日凌晨,乌云滚滚,电光闪闪,雷声隆隆,风狂雨猛。一道蓝色的闪光划破长空,霹雳声中,一个火球从闪电中滚下,正好击中嘉定桃浦二库东面六条堆垛的中间。火球在堆垛间隙中滚动,不久就燃起熊熊大火。这种"火球"非同一般一闪即逝的闪电,它能延续一段时间,尽管当时大雨倾盆,大火仍然越烧越旺。

球状闪电为什么有这么大的破坏力?据分析,小火球的能量约为4×10^7焦耳,其温度可高达几千甚至上万摄氏度,就是下着倾盆大雨,雨水碰到它也顿时化作水汽。

除了上述三种雷击火灾形式外,有时室外架空线路或金属管遭受直接雷击或雷电感应,产生高电压冲击波,也会侵入室内引起易燃易爆物品的燃烧或爆炸,称为雷电波侵入。这种情况多发生在化工厂。

必须记取教训 安好避雷针

上述多次火灾中存在一个普遍的现象,即许多单位如仓库、工厂等均未安装避雷设施,或者避雷设施失效后无人过问,以致发生了火灾。上海桃浦二库、上海造纸工业公司北蔡仓库、河北丰宁县百货仓库等雷击火灾均是未装避雷针之故。

值得深思的是，有些单位虽有"前车之鉴"，但未吸取教训。例如上海嘉定桃浦二库1983年9月10日遭雷击引起大火后，为避免重蹈覆辙，川沙县公安局于9月29日对北蔡仓库进行了检查，发出了整改意见书。但是，两年过去了，北蔡仓库的避雷设施仍处在公文旅行之中。直至1985年7月26日大火之后，人们才从挂在物料间墙上的夹子中，找到了避雷设施请购单。

安装避雷针已是老生常谈，周总理早有指示。1957年夏天，北京地区雷雨较多。天安门西侧的中山公园音乐堂和明十三陵中最高大的一座陵墓殿堂——长陵棱恩殿相继遭受雷击。事故当天，周总理就知道了这件事，立即指示当时担任北京市长的彭真同志，凡是高大建筑和有文物价值的古代建筑，都必须安装避雷针。大约用了一个多月的时间，北京故宫等处都安装了避雷针。对于新建高楼，北京市规定：凡是五层以上或性质重要、人员聚集的场所都必须安装避雷针。

北京地区是多雷雨的地区，自从1957年各处安装避雷针以后，就改变了历来雷击事故很多的现象。近三十年来，凡是安装了避雷针的建筑物，再也没有发生过因雷击毁坏的事故。

要正确安装和维护避雷针

安装避雷针的建筑物是否就一定不会遭受雷击呢？不一定，还要看具体情况。

有些高大建筑物虽安装了避雷针，但可能因接地线已断等其他原因而"有形无用"了。例如，1987年5月31日武当山金顶遭雷击，就是因为金顶上的避雷针接地导线在建设施工时被折断，事后又没发觉，未及时检查和修复。这避雷针就不可能起到引雷入地的作用。

又如，1985年上海市龙华寺遭受雷击，弥勒殿的屋顶被削去一角。龙

防灾减灾

华寺是装了避雷针的,且又未受损,为什么还会遭雷击?据分析,原来是弥勒殿不在避雷针有效保护区之内。避雷针根据其高度,只能使一定范围内的物体免遭雷击。以单支避雷针为例,它的保护角是45°,地面保护半径为针高的1.5倍。避雷针的截面积过小,或锈蚀严重,当避雷针、引下线与接地装置间的接触不良时,均会造成电阻值增大,不仅达不到防雷效果,反而会引雷遭击。

另外,由于引下线与建筑物内的供电线路距离太近,雷击时在它们之间也会放电,这叫作"反击"现象。"反击"时也会产生高温、电弧,也能引起燃烧。

为了使避雷针真正起到防雷作用,在设计制造时,一定要符合有关规定,平时还要加强维护保养。避雷针宜用镀锌圆钢或钢管,圆钢的直径不小于12毫米,钢管的内径不宜小于20毫米;引下线要用镀锌圆钢或扁钢,截面积不小于50平方毫米;接地装置也要用圆钢、钢管、角钢等,并应具有一定的截面积,垂直接地体的长度一般为2.5米,埋地深度不小于0.5米。各连接点接触都要良好,这样才能减少电阻值。避雷装置与建筑物内的电线要保持一定的距离。避雷针装好后还要经常保养,每年雷雨季节到来之前要认真检查,特别是要测试冲击电阻。如果电阻过大,就要找出故障,加以维修;如果电阻无穷大,说明线路中有断开的地方,更要认真查找,及时修好,如锈蚀超过截面30%时应予更换。

安装避雷针一定要准确计算它的保护范围,特别要注意建筑物的顶部(包括屋檐四角)是否在保护范围之内。如果不在保护范围内,要增加避雷针的高度,或者增加避雷针的支数。只要按照规定安装避雷针,并经常使它处于良好状态,一般就能免受雷击。

(原文刊载于《气象知识》1991年第5期)

难忘"75·8"

文 / 庄肃明　张海峰

在1995年汛期到来前,我们踏上了曾经创造过辉煌,也上演过悲剧的驻马店地区,沿着"75·8"洪水洗劫过的路线,进行了一次不寻常的采访。虽然,当年被洪水肆虐过的土地上已是树木森森、禾稼葳蕤、阡陌纵横、村舍井然,但20年前那场特大暴雨留给驻马店人的沉重和痛苦,却怎么也抹不去……

一位气象工作者的内疚

1975年8月5日一大早,狰狞的猴头云在东方天际凝聚,久久不散。继而又阴风阵阵,乌云四合,露脸不久的太阳,很快被浓云遮蔽了。这既异常又罕见的天象,首先在动物身上有了反应:一时鸡飞狗跳,惶惶不安;成群的麻雀,似有大难临头,拼命地往房子里乱扑乱钻;位于板桥水库下游十几里地的林庄村南坡地上,聚满了黑压压的乌鸦,凄厉的噪声令人惊悸,驱不走,赶不散;蚂蚁搬家,队伍杂乱,行走慌张。

有人还发现:板桥水库管理局院内一棵合抱粗的古槐,根部的树洞里,缓缓向外淌水,流出一米多远。这种现象过去从未看见过。

人们绝没有想到这就是不祥之兆。

等到大雨来了,人们才惊慌失措。但为时已经晚了:通信联络中断,指挥系统失灵……

一场千古浩劫,就这样拉开了帷幕。

年近六旬、两鬓斑白的驻马店地区气象局老预报员孙令喜沉痛地对我们说:"作为气象工作者,没能把'75·8'那场大暴雨预报出来,我始终感到非常内疚。我想,那时即使能提前几个小时预报出来,也不至于有

防灾减灾

那么多人在洪水中丧生啊！"我们看见两颗混浊的泪珠在老孙那饱经沧桑的眼睑里滚来滚去。

"75·8"过后，纯朴、善良的驻马店人并没有给气象部门过多的责备，当时的预报手段毕竟还很落后。

板桥水库溃坝在子夜

板桥，是一个有着传奇色彩的地方。

相传，道家的至圣先师老子骑着青牛神游天下，正好从此路过，但见阡陌纵横，民风淳朴，风景宜人，老子心情为之一畅，不觉在小酒店里多喝了几杯。走出门时，清风迎面吹来，晃晃悠悠倒地便睡，数日不醒。拴在路旁歪脖子老柳树上的青牛急不可耐，挣脱缰绳循路而去。老子醒来时，只剩下青牛在石板桥上留下的几只深深浅浅的蹄坑。人们追念神人神牛，便把这山野间的小镇叫作板桥。

板桥水库大坝被洪水冲垮后的惨景（李德武/摄）

99

板桥水库就位于板桥镇以西一公里多的丘陵地带上，是新中国成立初期，我国兴建的第一批大型水库之一。也正是这座水库，在酿造"75·8"这幕人间悲剧中扮演了重要的角色。

现任板桥水库管理局副局长马天佑和水文站站长黄明栓，当年都是三十刚出头的青年人，他们亲身经历了"75·8"大劫难，是"75·8"的见证人。

无情的岁月可以淡漠一切，却无法封住他们记忆的闸门——

连月大旱，禾苗蔫蔫待毙。8月4日夜，人们热得睡不着，聚在板桥镇空地上看电影。说来也巧，那天放的电影是《战洪图》。看着银幕上那滔滔大水，不知是哪位调皮的小青年还侃了一句风凉话：咱这儿有一场这样的大雨就好了。

第二天天擦黑，大雨果然降临。那雨下得好邪乎，根本分不清道道，就像用盆子从天上往下泼一样；雷也响得邪乎，既沉又闷，连续不断，横竖不离头顶。整整下了一夜，到了6日早晨，雨住了，但依然阴云低垂。有一现象十分异常：往常春夏季节大雨过后，水库边蛙声四起，悦耳动听，今天怎么了？安静得让人揪心。仅仅隔了半天时间，从中午12时开始，更大的暴雨接踵而来。

7日夜，是一个极不寻常的夜：前半夜，暴雨如注，倒海翻江。库水位上升到107.9米，已接近最高蓄水位。当时雨量站测得的日降雨量是448.1毫米，最大一小时降雨量142.8毫米。而按原水库设计标准，最大日降雨量为306毫米，最大泄洪能力为1610 $米^3$/秒。

此时，七八级东北风猛吹，大坝内狂涛拍岸，激起一丈多高的水墙和团团水雾。水库上游以13000 $米^3$/秒的流量，注入板桥水库。只有4.92亿立方米库容的板桥水库，竟已蓄水6.97亿立方米。它像一条负载过重的老黄牛，气喘吁吁。坚持到8日0点30分，终于坚持不住了。

当洪水以排山倒海之势摧毁大坝一泻而下，库区上空却风停雨息，几颗星星透过云缝，幸灾乐祸地眨着眼窥视着这人间的不幸。

防灾减灾

当我们站在复修后的大坝上，眺望远方那起伏的山峦，倾听着清澈的库水有节奏地拍打着堤坝的声响时，又有谁会想象得出，20年前，它一反昔日的温柔，似猛兽无情地吞食着一个又一个脆弱的生灵。正是由于这座水库大坝的崩溃，全区死亡数万人，房屋倒塌329万间，损失粮食6亿公斤，各种农业机械11万部，淹死秋作物824万亩，粮食减产10亿公斤，各种经济损失35亿元，相当于全区35年财政收入的总和。灾后，难怪人们无不感慨地说："辛辛苦苦几十年，一场大水把我们又冲回解放前。"

在黄站长的陪同下，我们又驱车前往林庄，采访陈家山，他就是为"75·8"留下宝贵雨量记录的农民业余雨量测报员。在那场大雨中，当时才30来岁的陈家山，凭着对水文事业的高度责任感，不顾自己家里房倒屋塌，在妻子的协助下，硬是冒着狂风暴雨和雷鸣电闪，克服重重困难，实测出过程降雨总量1631.1毫米，三日总雨量1605.3毫米，8月7日24小时雨量1005.4毫米，其中6小时雨量830.1毫米的珍贵历史资料。这些记录，均超过中国大陆以往历次暴雨的最高值。其6小时降雨量甚至超过1942年7月18日美国宾夕法尼亚州密士港782毫米的当时世界纪录。

20年过去了，陈家山那纯朴、憨厚的脸上被岁月刻上了几道深深的皱纹，但他依旧在这块被洪水洗劫过的土地上辛勤地耕耘着。

沙河店上的避难所

当我们赶到板桥水库下游的沙河店时，已经是下午四点多钟了。

沙河店是"75·8"受灾最惨重的地方之一。当年这里6000来人就有827人在"75·8"这场洪水中不幸遇难，全镇房子除供销社临街的15间拐角砖砌小楼（实际上是一栋小平房）因地势较高被保留下来，其余几乎全被洪水夷为平地。

我们慕名找到了那座被小镇人视为生命安全岛的小楼。20年的风雨剥蚀，使它变得破旧不堪。顶上的缝隙里长出了一丛丛杂草，迎风摇曳。因小镇人不忍心拆掉它，它成了供销社的废品收购站。

被沙河店人视为生命安全岛的小楼（庄肃明/摄）

现年68岁的芦长治老汉是这个收购站的承包人，也是这房子现在的主人，当他知道我们的来意时，便滔滔不绝地给我们讲述1975年8月7日那个黑色的夜晚——

那天夜里天好黑，雨好大呀！地面上的水眼看着往上涨，一小会儿涨到丈把深。小楼上呼啦啦涌来大约2000人，多数是老人、妇女和小孩。大水头直往小楼上撞，明显感到楼房在晃动。不少妇女、小孩吓傻了，狂呼乱叫。有人大喊："别哭别动，再动小楼就保不住了。"大家这才静下来，在雨中紧紧挤在一起。只听见黑暗中不时传来"呼通呼通"墙倒屋塌的声音，也不时有凄厉的救命声传来。

当我们告别芦老汉迈着沉重的步履走出这栋小楼时，猛然间，我们体悟出小镇人不忍心拆掉它的原因：它不正像一座无字的纪念碑，高高耸立在沙河店人的心中吗？

啊！小楼，你又是多么的豁达和无私，你没有因现在市场经济大潮的落伍而自愧，更没有因在危难中营救过上千人的生命而自傲，在这小小的

防灾减灾

镇子上继续发挥着自己的作用,你令我们这些慕名而来者肃然起敬。

沙河店镇供销社干部,现年58岁的吕荣宪,一提起那场大洪水,说话的声音就哽咽了。大水来时,他们还在仓库看东西。什么都来不及了,几个人赶紧用木料扎了一个大筏子,上去了足有30多人。黑夜里,洪水无边无际,木筏子在波涛里颠上颠下。和他们同时漂流的几个木筏子,都先后被波浪打沉卷走了,只有他们这一个,整整漂了一夜,天明时漂到遂平县邓庄才讨了条活命,老吕的几个亲人都在洪水中遇难了。说到这里,他的眼圈红了,我们的心也跟着哭泣。

在吕荣宪、崔国安等人的引导下,我们又步行两里多路,到村外去看吴王冢。在这座高6米多,周长近100米的古墓上,成了"75·8"劫难中的又一避难所,它使近千人免遭死难。相传春秋战国时期,吴王阖闾之弟夫概率兵在这里打仗。时值山洪暴发,河水陡涨,夫概的数千名将士全被洪水吞没。夫概见大势已去,仰天长叹,拔剑自刎。人们为了纪念他在此

可不要以为这是一幅美妙的田园风景画,在远处那座土丘上——吴王冢,劫难中曾搭救过近千人的生命(张海蜂/摄)

筑冢安葬。不想两千多年后，这座古老的坟墓，竟在"75·8"那场洪水中使近千人免遭于难。灾后，村里常有人围着古冢默默祈祷，感谢败于洪水的吴国英雄的在天之灵。爽快的崔国安还告诉我们，今年清明节他伙同几位好友，提着酒菜在吴王冢的碑前还痛饮过几杯呢。

是啊，在深重的灾难面前，善良而又古朴的乡民往往用千百年来一成不变的思维方式，从自然的启示中得出皈依神灵的结论，这，也许比灾难本身更为沉重。

今天的沙河店，新楼林立，街市热闹，一派繁华景象。

如今的吴王冢，大树参天，枝叶葳蕤。

远远望去，大沙河像条飘带，弯弯曲曲环镇而过。时值枯水季，沙河水瘦如溪。六七个农家女穿红着绿，在河边洗衣裳。麦苗青青，油菜花黄，在夕阳染就的暮色中，沙河店呈现给我们的是一派迷人的田园风光。

营造新世纪的诺亚方舟

人类的历史首先是人与自然斗争的历史。在漫长的岁月里，人类从没有摆脱过洪水等自然灾害的困扰。面对着灾难深重、神秘莫测的大千世界，人类感到自己是那么渺小，那样的孤立无援，希望有一个法力无边的神灵保护自己，希望有一种神奇的力量祛灾解难，于是创造了保护神，创造了诺亚方舟的神话。然而，属于我们的方舟却是真实而强有力的，那就是我们的气象现代化事业。

有人做过调查，在驻马店，中央电视台的天气预报节目的收视率最高。也许是灾难深重的驻马店人深深懂得了只有认识自然，才能从自然中得到自由的道理吧！

1982年7月，同"75·8"相隔仅仅7年，又一场罕见的特大暴雨降临驻马店。这是对驻马店地区气象工作者7年来卧薪尝胆，厉兵秣马的严峻考验。

防灾减灾

"知耻者而后勇",同7年前相比,他们的天气预报能力、观测和通信手段,已不可同日而语了,他们对这一次灾害性天气来临是胸有成竹的。

汛期前,气象台就组织了由6名优秀天气预报工程师参加的灾害性天气制作发布小组,根据天气形势演变和各种气象要素分析,提前一周就发出了7月21日前后将有大暴雨的警报。地区行署领导认真听取了气象台的分析意见,及时动员了100万防汛队伍奔赴水库、河道,赢得了抗洪抢险的主动权。7月20日20时,全区性特大暴雨如期降临。到22日8时,有7个县降雨量已经超过300毫米,最多的确山县竟高达718毫米,雨量之大,雨型之恶仅次于"75·8"。位于汝南县境内的亚洲第一平原水库——宿鸭湖水库水位急剧上涨,形势异常严峻。地区防汛指挥部通知,若再有100～150毫米降水,就得全部打开泄洪闸;200毫米以上降水,则采取非常措施炸掉大坝。

气象台每隔一小时观测一次,两小时向中央和省防汛指挥部作一次汇报。预报室里,空气骤然升温,大家用手帕不停地擦拭着额头上涌出的汗珠。窗外,大雨滂沱雷鸣不绝。"究竟大雨何时能止?短期内到底能降多少水?"都要求气象台及时作出回答。预报员们都十分清楚自己肩头的担子有多重。雨量报小了,有可能使"75·8"悲剧重演;雨量报大了,则会使指挥机关做出错误决定,给灾区人民带来不应有的损失。电话告知,炸药已运达水库大坝,就等气象台一句话。

22日18时,水库库容将达到饱和,防汛指挥部里,地委和行署领导焦急地守护在电话机旁。铃声响了,话筒里传来气象台台长不容置疑的声音:"未来24小时雨势减缓,雨量不会超过50毫米。"

"有把握吗?"几乎在场的人都对着话筒喊。

"有!这是各级气象台站会商得出的结果。"

所有人都长嘘了一口气。这举足轻重的一句话,凝聚了气象工作者多少心血啊!一句话,保住了下游50万亩耕地,20万间房屋,使25万人免遭水灾,7500万公斤粮食免被冲走,总价值超过2亿元。

尽管驻马店的气象现代化建设起步较晚，但发展速度是惊人的。1984年，一部711型天气雷达在这里落户，成为监测强对流天气的千里眼。1993年，又得到地区行署配套投资，并在中国气象局和河南省气象局支持下，实现了更新换型。

目前，高达11层的气象科技中心大楼在驻马店市中心拔地而起，即将竣工。届时，楼顶上的新型气象雷达将密切监视这一地区的云天变化。

年轻的地区气象局局长张新国向我们介绍：这几年大抓气象业务现代化建设，开通了至武汉区域气象中心的终端，完成了至省台的远程工作站有线传输及局域网建设和延伸到部分县局的天气数传通信试验。为加快气象信息的传递时效，自1989年起，即着手组建以气象警报器为龙头的农村气象服务网，并在部分县乡镇设立了气象助理，组建了乡级雨情站，专业气象服务涉及55个不同行业，从而形成了"以省台为依托、地区局为中心、县局为辅助、服务到乡村"的全方位气象信息传递系统，发布一则气象情报，几分钟即可传达到位。

当我们即将结束这篇采访报道时，南方一些省份又暴雨成灾。四川、江西、湖南、湖北等地已洪水泛滥，电视机屏幕上又出现了一组组令人揪心的画面：洪水涌进城市，马路上积水可以行舟……

此时此刻，全国又将有多少气象工作者利用自己手中的武器，战斗在防汛救灾的最前线，营造着新世纪的诺亚方舟。

（原文刊载于《气象知识》1995年第4期）

防灾减灾

沉重的长江泪

文 / 周煜

1998年6月中旬长江干流出现大洪水后，7月下旬长江中下游再次出现强降水天气过程，致使长江出现了继1954年之后第二次全流域性特大洪水。

为详细介绍1998年沿江各省6—8月雨情、灾情和气象部门汛期服务的情况，《气象知识》杂志社派我和摄影记者李平前往长江流域受灾地区进行实地采访，现将我们的所见所闻奉献给广大读者。

湖南长沙（1998年8月1日）

8月1日上午，就在我们刚刚到达湖南长沙，即从省气象台了解到，除长江上游洪峰部分涌入洞庭湖外，7月29—30日，湘东北—湘西南一带下了大到暴雨，资水、沅水、澧水、湘水"四水"流域普降大雨或暴雨，汨罗江、浏阳河、捞刀河流域也出现高强度的降雨过程。由于洪水来势凶猛，柘溪、五强溪水库被迫加大泄洪量，使得洞庭湖入湖水量远远高于出湖水量，洞庭湖湖区水位再度迅速回涨。在8月1日前，东洞庭湖的堤垸在高水位的浸泡下已有一个多月的时间，每日大堤渗水、滑坡、管涌等险象不断出现。虽然每天有近300万民工和解放军官兵坚守在大堤上，但是许多堤垸还有随时溃决的可能。

据湖南省气象局的同志介绍：1998年的洪水远比1996年的洪水大，持续时间长，截止到7月30日下午统计，全省已溃决大小堤垸42个，其中万亩以上的大垸6个，有20多万人失去家园，直接经济损失150多亿元。8月1日，我们到达长沙时，洞庭湖城陵矶水位已达35.53米的历史最高水位，洞庭湖不堪重负，洞庭湖万分危急！

8月1日下午，我们随湖南省气象局领导到省防汛抗旱总指挥部参加防汛抗洪决策会议，会议室里气氛紧张，按惯例首先听取气象部门汇报天气形势，介绍预报情况。当介绍到今后两天全省大部无雨，只有湘西北地区有局部对流性降水时，会议室里的气氛才稍稍轻松了一些。省领导仔细地听取了气象部门的汇报后，指示气象台随时监视天气变化，尤其注意是否有大风天气。因为高水位浸泡的洞庭湖大堤，已经相当酥软，再也经不起大浪的拍击和冲刷，也可以说，风浪对堤身的侵袭甚至比涨水更为危险。

8月2日上午，我们与中国气象报驻湖南省特约记者一起驱车前往湖南抗洪第一线——岳阳。

……

南极潇湘千里月

北通巫峡万重山

……

这本是古人赞美洞庭湖的两句千古绝唱，而当我们站在岳阳地区气象局观测场边，俯瞰烟波浩渺、白浪滔滔的洞庭湖时，却远没有古人吟诗作赋时的浪漫情调，心情反而格外沉重。

岳阳这个位于洞庭湖畔的巴陵古郡正经历着历史性的严峻考验。

自6月下旬以来，岳阳正经受着超过1954年特大洪水的侵袭，7月下旬以来，资水、沅水、澧水、湘水"四水"流域强降水持续不断，致使入湖

被洪水围困的湖南省岳阳市云溪区

防灾减灾

流量居高不下，但由于长江干流高水位的顶托，使洞庭湖水下泄缓慢，近2700平方公里的洞庭湖湖区水位持续上涨。

8月2日下午，我们来到自6月中旬以来在中央电视台被报道最多，几乎所有关心中国长江流域特大洪水的人们都熟知的地方，也是洞庭湖水唯一汇入长江的地方——湖南岳阳城陵矶。我们乘船前往城陵矶一条近400米的老商业街，看到街两侧店铺林立，但都浸泡在近2米深的水中。

距岳阳城十几公里的麻塘垸是一个有着近2万人口，耕地3.92万亩的大垸。8月3日，当我们爬上麻塘垸大堤，放眼望去，堤外洞庭湖水浊浪翻滚，湖面距堤顶不足半米；堤内则是一片宁静的绿洲，但这宁静里却蕴藏着巨大的危险。据我们当时粗略地估计，堤内外水位差为七八米，运沙石料的驳船远远高出堤内的屋顶，说是悬湖一点不为过。如果大堤溃决，顷刻之间，湖水将吞没垸内近4万亩良田、鱼塘和村庄。另外，12公里的麻塘大堤是京广铁路和107国道的唯一屏障，京广线有11公里铁路从麻塘垸里通过。其中铁路离麻塘垸大堤最近距离只有1000多米，如果麻塘垸大堤溃决，那么这两条纵贯我国南北的交通大动脉，将淹没在滔滔的洞庭湖水中，损失将无法估量。更要命的是，在垸内离大堤较近的地方早已因挖土筑堤而成为鱼塘，如果堤垸出现险情，大堤附近几乎已到了无土可取的地步，抢险所用的土石，只能用驳船运来。洞庭湖水这养育着洞庭湖区1600万人的生命之水，现在仿佛变成悬在湖区人们头顶上的达摩克利斯之剑，令人不寒而栗。

正是因为麻塘垸的特殊地理位置，1998年汛期朱镕基总理在视察湖南省的防汛抗洪工作时，曾亲临麻塘垸检查防汛措施，指示要力保京广铁路的畅通。

在大堤上，我们看到每隔50米左右就有一个守堤值班帐篷，巡堤的人来往不断，垸内几乎所有的劳力都上堤护堤。大堤的外坡早已用编织布铺设护坡，防止湖水的冲刷。在比较险要的地段，又加垒了子堤。水涨一寸，堤长一尺。12公里的麻塘垸大堤依然顽强地将滔滔洞庭湖水挡在堤外。

在离开麻塘垸前往新墙镇的路上,我们看到了从大堤上换班回家休息的民工,他们多数肩扛一条扁担,手里提着统一发放的巡堤灯,扁担的一头包着简单的吃饭用具。据岳阳气象局的同志说,这些民工都是垸内的农民,经常是一家人来回换班,碰到险情,全家人一起上堤护堤,吃饭自己解决。像这样的情况已经持续一个多月了,人已非常疲劳。

汽车又向东南行驶了近1个小时,距离我们的目的地新墙镇还有1公里时,汽车已不能前行,前面的公路早已被洪水吞没数日。新墙镇所在的五新垸于7月26日深夜溃决,垸内园艺、双杠、高桥、联合、老街等村近3000人被迫离开家园,镇中除一条街两侧的房屋由于地势较高相对安全外,老商业街已浸泡在水中。

8月3日晚,回到湖南省气象局,局办公室的向副主任送来很多关于湖南省今年洪涝灾害的灾情材料。望着材料上那一串串令人触目惊心的数字,我们心中沉甸甸的……

江西南昌(8月6日)

8月6日傍晚,随着列车在蒙蒙细雨中缓缓驶入南昌车站,我们开始了在江西省洪涝灾区的采访。

在到达江西以前,我们一直对江西省的灾情和水情不甚了解,通过采访才得知:6月12—27日,江西省出现连续15天的大暴雨过程,过程雨量大于400毫米的有50个县市;超过1000毫米的有2个县市;降水最集中的区域是鹰潭市、上饶地区和抚州地区,其中上饶地区南部、鹰潭市和抚州地区北部11个县市过程平均雨量达938毫米。这就是江西"98·6"大暴雨过程,雨量之大令人心惊。

正当人们对江西大暴雨过程仍心有余悸时,1998年7月17日—8月1日,江西省北部地区又连续15天出现暴雨、大暴雨过程。南昌、九江、宜春、上饶、鹰潭、景德镇等6地市和抚州地区北部47个县市平均雨量达1043毫米。这样大的过程雨量使得江西省出现了超历史纪录的大洪水。这

防灾减灾

里我们称之为"98·7"江西大暴雨过程。

"98·6"大暴雨曾使长江九江站水位突破了历史最高纪录,而"98·7"大暴雨过程开始后,仍处在警戒水位以上的长江九江段和鄱阳湖地区从7月18日开始水位又迅速回涨。长江九江站和鄱阳湖湖口站水位分别为23.01米和22.58米,均超过历史最高水位。

"98·6"和"98·7"大暴雨过程给江西省造成了前所未有的经济损失,截至7月底,农作物受灾面积共151.23万公顷,绝收79.67万公顷;倒塌房屋69.57万间,受灾人口1792.95万人次;35112家企业停产或半停产,冲毁公路路基近万公里,直接经济损失317.67亿元。

也许数字是枯燥的,但它反映的灾情事实则令人心痛……

8月7日下午,距南昌市区大约20公里的南丰电排站附近的赣江大堤发生管涌。发生管涌的地方离赣江大堤堤脚约80米,并且在水塘中,如果不仔细巡查,根本发现不了。据介绍,赣江自6月中旬以来一直维持高水位,大堤险情不断,尤其是最近更是险象环生。根据大堤旁水塘多的特点,各乡专门组织了潜水摸查小组,一天24小时来回拉网式地潜水巡查,发现险情,及时处理。这处管涌发现较为及时,当时,已向管涌处压投土石60多立方米,并在加紧修筑围堰,险情已基本排除。大堤下面,卡车从远处拉来土石,民工们站在齐腰身的泥水中将装好土石的编织袋压入管涌处。

就在赶回南昌的路上,我们却得到了坏消息:8月7日下午1点多,长江大堤九江段4号与5号闸附近堤段决口近30米,洪水正向九江市区扑来。当时九江市的情况非常紧张,万余名解放军战士正在市区外围构筑一道10公里长、5米宽的拦水坝,作为市区的最后防线。

8月8日上午10点多钟,我们离开南昌市,前往九江地区受灾较重的德安县、星子县采访。在南昌至九江的高速公路上,窗外闪过的景象令人震惊:大片的农田被洪水吞没;有些村庄如今早已淹没在洪水中,只露出房顶;有些地段,高速公路两侧一片汪洋,公路两侧已采取了加固和防浪的措施。

江西省德安县105国道被淹

当车行驶了1个多小时,我们来到了德安县县城,在城内我们看到有些地段的公路仍然浸泡在洪水中,据德安县气象局的同志讲:6月下旬,由于连降暴雨,导致山洪暴发,城区部分房屋被淹;7月下旬又降暴雨,山洪再度暴发,洪水从南面涌向县城,经全县军民奋力抢险,终于将洪水挡在县城外。

据统计,仅6月下旬的一次暴雨过程,使德安县山区各乡均出现山洪,全县农作物受灾面积112500亩,42000亩农作物绝收,受灾人口12.5万人,直接经济损失约2.9亿元。对于一个并不富裕的县来说,损失是相当惨重的!

之后,我们来到星子县县城,星子县气象局局长荣秋萍向我们介绍了星子县今年受灾的情况:1998年星子县16个乡、91个行政村均不同程度受灾,受灾人口19万,占农业人口的99%;农作物受灾面积13万亩,绝收面积8.5万亩;现在全县仍有近百个村庄被洪水围困,水毁村庄33个。6—7月的洪涝灾害造成直接经济损失4亿多元。

由于我们到达星子县时已中午12点钟了,这里距被洪水围困的村庄水路很远,县政府每天一次前往被洪水围困村庄运送食品和救援物资的船队

早已出发,我们只能在县城附近受淹地区采访。目前,县城仍有1/4浸泡在洪水中。荣局长对我们说:由于今年降水强度大,入湖流量大增,而鄱阳湖只有一个入江口,洪水下泄缓慢,湖区一直维持高水位。在超历史水位的洪水连续袭击下,滨湖地区的标准圩垸纷纷漫顶溃决。站在气象站的观测场外面,就可以清楚地看到护卫县城的大堤已没入鄱阳湖水中。由于被洪水围困,已有258个县乡工矿企业被迫停产。

鄱阳湖秋冬枯水季节湖水面积只有1000平方公里左右,正常年份,春夏两季入湖水量大增,水位迅速上升,湖水面积可达4000平方公里左右。

从江西省气象局提供的1998年鄱阳湖夏季第二次洪涝卫星遥感监测图可以清楚地看出:5月26日鄱阳湖主体及附近水域面积仅为2780平方公里;7月9日水域面积增长到4193平方公里;而到了8月5日,水域面积达到5624平方公里,超过5月26日水域面积2844平方公里。可见1998年洪水之大,远远超过往年。

江苏南京(8月11日)

8月11日上午,我们来到江苏省气象局,江苏省气象台的方乾总工程师向我们介绍了江苏省今年汛期的天气情况和灾情。方总工程师介绍道:江苏省6月24日进入梅雨期,南京下关6月25日就超过警戒水位。截至现在,9米以上的高水位已维持了47天;7月27日以来,南京下关长江水位一直超过10米这一危险水位之上,全省有80多万军民奋战在长江干堤上。

6月以来,全省部分地区发生内涝灾害,江苏全省约有1008.23万亩农作物受灾,其中重灾110.96万亩。南京市下关地区也因暴雨造成上千户居民家中进水,部分地区水深1.5米。虽然与其他受洪涝灾害的省份相比,江苏省的损失较小,但是今年到目前为止,江苏全省投入抗洪防汛的物资消耗达100多亿元。

8月11日下午,我们与江苏省气象局胡辛陵局长和气象台方总工程师一道来到江苏省防汛抗旱指挥部,江苏省防汛抗旱总指挥姜永荣副省长利用汛期会商决策会议前的10分钟接受了我们的采访。

姜副省长首先介绍了江苏省的汛期概况，他说：江苏省地处长江下游，沿江共有8个市21个县，全省共有长江干堤1550多公里，1991年江苏省曾发生严重的洪涝灾害，造成严重的经济损失。近年来，为减少长江汛期洪水对沿江各市县的威胁，江苏省共投入20多亿元人民币，修建永久性标准长江大堤。

1998年的长江洪水超过1954年的大洪水，洪峰通过南京下关水文站时最大流量曾达到82100米^3/秒，洪水水位曾高达10.14米。修建了高标准的大堤的江段，在1998年基本没有出现险情。

姜副省长还谈到7月底8月初长江大堤扬州六圩段和镇江丹徒段发生坍堤，大段江堤坍塌，情况危急，经军民奋力抢险，才转危为安。

8月12日早晨，我们前往扬州发生坍堤处采访。当我们来到发生坍塌的堤段时，一同前往扬州地区气象局的副局长指着大堤内一条新构筑的大堤说：这是当时为了防止大堤决口而新建的第二道防线。从新堤的外表可以明显地看出是机械化施工的产物，整个新堤整齐、坚固。在原大堤的内侧，当时发生管涌的地方清晰可辨；堤外的江面水势平缓，这是投在江中的10万吨石头起到了明显减缓江水流速和固定堤脚的作用。当时，在发生险情的堤段的大堤上仍有人在监视水情、看护大堤。

7月29日，当江苏省扬州地区邗江县六圩长江大堤发生严重坍堤时，为保证抗洪抢险的顺利进行，扬州地区气象局将计算机气象服务工作终端拉到防汛指挥部现场，保证领导随时查阅各种资料，及时提供准确的预报。

告别了扬州气象局的同志，告别了秀丽的江南古城扬州，我们踏上了此次采访的归程……

（原文刊载于《气象知识》1998年第5期，本文有删减）

防灾减灾

连续强雨与中、东线南水北调
——宏伟的跨流域调水工程

文 / 章淹

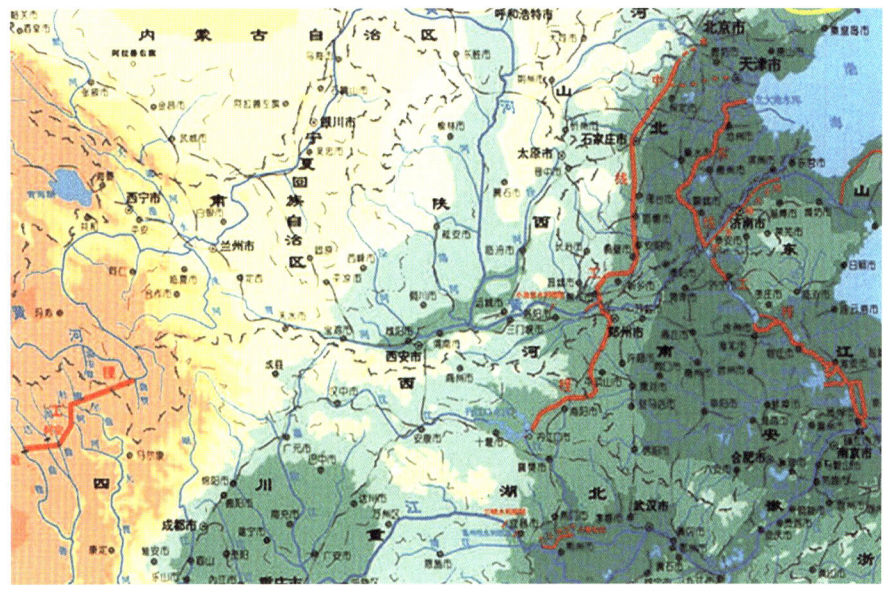

宏伟的调水工程

华北及黄河下游一带是我国水资源供需矛盾最紧张、人均与亩均耕地水资源最匮乏的一个地区，又有首都位于其间，水资源不足的严重性及其对社会、经济、文化与可持续发展的影响十分重大。为改善和缓解这一问题，国内自1952年起就开始了由南方向北方大规模调水的勘查与方案探索工作，1958年正式提出"南水北调"设想，确立输水目标。先后提出了由长江（及其支流）经东、中、西三条线路，分别向北调水的"南水北调"计划方案。其中，中、东线均是连通长江（及其支流），跨越淮河、黄河和海河四大江河流域的长距离调水工程。

中线规划是从长江中游的支流，汉江上游的丹江口水库（后期可考虑延至长江）引水，经方城垭口，沿京广铁路西侧，由伏牛山东南、太行山东麓向北输水，在郑州西北穿越黄河后送水到北京、天津。在新建调水线路附近，移民数量较大。中线调水线路长1246公里，另有144公里干渠向天津引水。东线规划是自长江下游扬州附近的长江北岸引水，主要利用和扩建京杭大运河及其平行的部分河道为主干线和分干线输水，并连通黄河以南的洪泽湖、骆马湖、南四湖和东平湖，在山东位山附近穿越黄河（简称穿黄）后，经新辟的位临运河和京杭大运河送水到北京、天津。从长江到天津主干线长约1150公里，分干线总长约740公里；此外，为缓解胶东的缺水问题，山东省需要加辟与东平湖连接而向东引水的干渠总长237公里，将分阶段分期建设。按1995年价格估算，中、东线一、二期工程的总投资分别约为600亿元与292亿元。

南水北调工程施工现场之景

历经半个世纪的勘查、研究与论证，除西线继续进一步研究规划外，东线在已有河、湖建设及穿黄工程实验成功的基础上，已于2002年月12月下旬正式开工；中线已开展渠首环境的治理，并计划将源头丹江口水库的大坝顶高由162米加高到177.6米，以便将水库的正常蓄水位由157米升高

防灾减灾

到170米。不久，也将正式开工。

中、东线调水工程分阶段实现后，可使华北地区（包括海、滦河流域）、黄河下游和淮河流域现有的水资源增加20%～45%。这些水量的调入，不仅可以缓解这一带水资源短缺的矛盾、提高工农业生产效益、促进生态环境的改善，还可以促进沿线社会、经济、文化和南北交流的发展。这从我国古代南北大运河的开发与兴衰上也可以得到鉴证：2000多年来，随着大运河逐段的开发和兴修，沿河的许多城镇，如开封、徐州、定陶、睢阳和淮阴等都得到很大发展，而扬州自隋唐以来，就是"淮左名都"；北宋时期，大运河上粮粟的漕运，年约800万石，达历史最高纪录，沿河店肆林立，经济繁荣，这从北宋名画"清明上河图"中也可略见一斑。不过，需要特别注意防止由于这些城镇的发展，对环境与水质可能会造成新的破坏与污染。

中、东线地区的连续强雨

强雨连续、灾重水多。南水北调中、东线及其沿线地区（简称中、东线地区），在暖热季节常有较强的降雨出现。这种强雨，包括通常所谓的大雨、暴雨及特大暴雨。这一带强雨发生的频次，虽没有我国华南、东南沿海及台湾等地那么频繁，强雨的多发期在这一带的北部也没有南方那么长；但降水的强度，无论是短时或接连数日的短期连续强雨，它们的猛烈程度，常为我国大陆上的其他地区所不及。比如：我国大陆上6小时40分钟降水1315毫米和8小时降水1057毫米（1998年）的最高纪录，就分别出现于丹江旁，伏牛山南麓，陕西东南的丹凤县和商南县；2002年6月下旬，汉江旁，陕南佛坪县又发生了特大暴雨与山洪，造成了严重的灾害。而且，连续3天、5天和7天降水量的大陆上最高纪录，也均出现在此地区。

中、东线地区，在夏半年（5—10月），均可有连续强雨发生。其中，黄河以北地区，主要发生于盛夏7、8月，据1954—1975年资料分析，降水量在100毫米以上的降雨发生于7、8月份的次数占93%；降水量在300毫米以上的发生于7月下旬到8月上旬的，占70%。而此区南部，在5—10月间，均可有连续强雨出现，有的年份，甚至在5月之前或10月以后，也会发生。

连续强雨的降水量，变幅很大，尤其是在北方大地久旱渴雨的情况下，更是人们祈盼的喜雨。但有些场次的连续强雨，强度却十分惊人，比如我国大陆上3天降水1605毫米（河南林庄）、5天降水1631毫米（河南林庄）和7天降水2050毫米（河北獐獏）的最高纪录，均出现在中线附近太行山东麓一带；东线的运河东西两侧，曾多次出现超过800~900毫米的连续强雨；中、东线北头的京、津地区，在燕山和太行山迎风坡前，也常有连续强雨发生。如1939年7、8月，北京附近的昌平在7月9—12日和7月24—28日的接连两场强雨中，9天的总降水量为796.4毫米；若再加上其后8月11—13日的连续强雨，共降水947.2毫米，已不亚于南方梅雨中的连续强雨。

这种强烈的连续强雨，短短数日的总降水量可以大大超过不少地方数月或当地多年平均的年总水量，甚至超过有些大江河流域大洪水时期几个月的总降水量。如此强大的降雨，集中倾泻于几天之内，更为迅猛剧烈。据当地群众反映，这种雨水倾盆而降时，空中是黑压压的一片，二三百米之外，便看不清人、物，人们称它为"黑烟雨"；雨后，鸟雀遍地，尽被打死，真好似是黑雨"压城城欲摧"。

强雨连续出现，大多比一场短时暴雨的危害更重。而且，它们还常伴有山洪、泥石流、滑坡或风暴潮等，致使暴洪、溃堤、垮坝等严重事故发生。然而，另一方面，连续强雨的总降水量大，若能很好利用，可转化为有效而可贵的水资源。

在多因素综合影响下形成。连续强雨多发生在水汽供给条件充足及多种天气系统与地形叠加的综合效应中，其影响因素与变化过程十分复杂。

防灾减灾

其中,东线地区,由于东临广阔的海洋,受台风和东风波等海上天气系统的影响较大,并常有强风相伴出现。江苏滨海地带,地势低平,高出海平面不过2～5米,易受潮水顶托、壅水的影响致使运河及里下河、通扬运河、通吕运河、运盐河及太运河等地在"雨横风狂"的同时,渍涝加重。

中线地区位于我国大陆中部,受大陆气候的影响较大,一般比较干燥,常易出现大范围的连旱,但在海洋季风强盛或台风深入内地时,也会产生连续强雨。这里是我国大陆自东向西地形显著升高的第一大台阶,也就是海洋潮湿气流向内陆输送时遇到的第一个大抬升地带。这一地带,不但暴雨的强度大,雨量多;同时也是洪水量级最高的地区,每1000平方公里的洪峰流量可达6000～8000 米^3/秒,最大可达15000 米^3/秒,已接近或超过世界相同面积最大流量的记录。而这一带就位于中线附近的西侧。历史上,中线及其东侧的京广铁路沿线,曾多次受到这一带雨洪的侵袭与严重危害;其泛滥的洪水,有时甚至波及淮河与长江中下游等地。

加强预防与调蓄能力。连续强雨的形成因素复杂,尤其是特别强大的,它们的影响因素多,变化大,突发性强,有些变化规律及其原因,目前无论国内外,尚未完全揭示清楚。因此,在预报上,有的问题还不能完全掌握,仍需继续加强其监测和科研工作。

中线沿途湖泊与水库调蓄的能力不如东线,能直接参与调蓄的湖、库及洼淀容量仅18.4亿立方米,可操作性也不如东线。东线洪泽湖等串联湖泊与千顷洼等并联水库改扩建后的调节库容合计可达90.58亿立方米。而中线地区还要承受更强大,并具有突发性雨洪的侵袭,虽将修建若干节制闸以做补充,但对山地特大雨洪来说,看来仍有不足。

中线自渠首输水至北京需10～15天,沿线拟建各类交叉建筑物1600余座;总干渠将穿越流域面积超过10平方公里的河流共219条,这些河流上游多为沿太行山、燕山、伏牛山的暴雨区,雨洪迅猛,一旦有强烈的降雨和山洪暴发,对交叉建筑物安全会造成一定威胁。

兴利减灾保护与利用并举。经过1991与1998年抗御长江大洪水的战

斗,当前,关于长江大水方面的防洪建设已有很多进展。并且,近年来,在节水、防洪和污水再利用上,也愈渐引起更多关注,取得成效。然而,对于连续强雨的防洪防灾和雨水再利用,看来还很不足。而这种强雨有时会造成更迅猛的严重危害,必须加强相应的监测、预警措施和有效的防范办法。同时,连续强雨所提供的更多水资源,也应尽早加强利用。有资料显示,北京地区的雨水再利用,约仅占20％,许多天赐净水白白流失。现虽有山区小流域综合治理中的雨水利用以及与德国等合作的这方面研究开发,但仍很有限。有些雨水利用办法,投资不多而效益显著,甚至有的办法投入与收益的效益之比,比污水再利用还大。这当然并不是说可以用"雨水利用"来代替污水的处理和利用。污水的处理利用必不可少,但更需要多种途径并进,多方面地解决重要的水资源问题。调水一定要和当地水资源的充分利用及节水并进。这样不仅可以有效增加可用水量,更有利于生态环境的改善,并取得全局性的最佳效益。

南水北调是我国的重大建设项目,投资大、移民多、工程艰巨浩大。我们期待着它的建成,衷心地希望它能得到很好的利用与保护,尽好地发挥它的伟大作用。

(原文刊载于《气象知识》2003年第3期)

防灾减灾

短时暴雨与城市积水

文 / 骆继宾

　　随着经济的不断发展，城市中建设越来越多的高楼大厦、柏油马路、城市广场、立交桥、停车场等，使市区内的裸露土地越来越少，一旦下起雨来，雨水很难渗入地下。遇到大雨、暴雨，雨水来不及通过下水道流走，就形成径流，汇集成了积水，特别是在市区内地势比较低的地区。虽然现在许多现代化城市，包括我国新建的不少城市都有比较现代化的排水和下水管道系统，但遇到降雨量过大时，仍然会发生排水不及而形成积水，同样的情况国外许多现代化的都市也难以避免。积水的多少与降雨的强度、降水量的大小以及下水系统的设计有很大关系。

　　城市积水首先危害的是城市交通，即便是20分钟的暴雨也能使公路立交桥下造成严重积水，导致涉水车辆的熄火，就可能形成交通的堵塞。更为严重的积水就可能使城市的街道、民房、商业用房、仓库、地下停车场、工厂、机关、学校等受到影响，其所造成直接经济损失是巨大的。现代化城市人口密集，商业区集中，受危害严重。如果处置不当或救助不及时还可能造成人员的伤亡。例如：2003年12月3日，澳大利亚的第二大城市墨尔本，在十几个小时内降雨120多毫米，使市内部分地区积水，许多驾车的市民不得不弃车而逃，或站在车顶或站在马路边的高处求救，相关部门收到的手机求救信号就有上千次，当地警察及时派出一批橡皮船出来救助，才未造成人员伤亡，但经济损失严重；1个多月后，2004年1月29日晚，仍然在墨尔本，一场雨下了不到2个小时，降雨量不到70毫米，该城东北部，水深约0.5米，不仅造成交通混乱，许多商店、居民住宅及车辆被淹，损失超过100万澳元；2004年3月31日，香港下雨不到70毫米，洪源路等地水深及膝，汽车被水半淹，木屋居民纷纷报警求救；2004年4月1日上午，广州出现降雨天气，时间1小时左右，降雨量也只有37.6毫米，但造成多处浸水，海关学院对面马路100多米长的路段浸水约0.7米，相关的报警和求救电话大增；2002年7月30日，成都市的一场暴雨使市内部分地区受淹，五福立交桥和五块石大道立交桥下的积水达1.5米，交通中断达8小时，市区共有13处出现积水，西城角低洼处水深齐腰，经民警救助153人得以脱险。类似的例子近几年在我国许多城市都曾发生过。造成这些灾害的降水的特点是：时间短，可能只有几个小时，有时甚至不到一个小时；降雨强度大，1个小时就可能下三五十毫米，但降雨总量不一定很大；降水范围较小，只是城市的一部分，甚至只是几个街区；灾害持续的时间不长，一般几个小时、最多一天就过去了。这些特点都和雨季对流性降雨的阵性、分布不均匀性和局地性有关。尽管这种灾害持续时间很短，但是对于一个城市，无论是商店、仓库、工厂，还是居民家庭或地下停车场，只要被水浸泡都会造成损失。而在农村，农田被水短暂浸泡后，只要积水消退，农作物可以照常生长，不会造成巨大的损失。

城市积水灾害的防治

正是由于雷阵雨的阵性和分布不均匀性，这种短时、局部性的强降雨预报起来比较困难，特别是具体的降雨区域很难预报，因为它有时只有十

防灾减灾

几平方公里、甚至只有几平方公里;另外,降雨的强度也不易把握。从理论上说,现在的中小尺度数值预报的精确度可以达到1平方公里左右、甚至更小,但这只是一个奋斗目标,实际操作起来相当有难度。

目前比较好的办法除了数值预报外,还有采用卫星云图结合天气雷达跟踪的办法做临近天气预报。国外也是采取类似的方法。他们是在短期1~3天的天气预报中会发布某个地区将出现强降雨,强降雨的具体落区和时段不定。在强降雨的对流云出现、发展、移动全过程中,用卫星云图结合天气雷达跟踪,也就是在强降雨开始前的几十分钟或刚刚开始的时候,同时发布强降雨可能出现在城市的哪个方位,向什么方向移动,还会影响哪些地区。连续进行跟踪,滚动预报。他们的临近预报用几种方法同时发布,例如在该城市的电视上用字幕发警报,气象台同时发布语音警报,广播电台也实时转播天气预报,城市交通广播电台根据降雨预报做出交通信息预报并指挥驾驶员和相关人员避开即将和已经积水的地段。他们的这些做法虽然时效很短,但很实用。

国外还有些做法也是针对城市积水的,如:鼓励各单位、家庭购买财产、货物、商品、设备保险,为的是在受损后能得到赔偿,以减少损失;容易发生这种情况的城市警察局多备有相关的救助设备;对新修的立交桥不再使桥底下凹,而是使桥顶升高,以避免桥下积水等等。

多年前,笔者在日本东京郊区的一个小镇(类似国内小卫星城镇),参观了由城建和水文部门共同设计的防治城市积水的设施。他们把一些公共场所,如街区公园的草地、球场、停车场都做成比一般的地面和道路要低一些,暴雨一来,这些地方就成了蓄水池;如果降水强度很大,仍然不够用,有些楼房的地下室和地下车库可以临时开放并方便地蓄水。他们说,这样做有两个目的,一是减少和避免城市积水的危害;一是有意积蓄一部分雨水,用来浇灌树木、草地和清洗公共设施,如洗车等之用。日本的淡水资源不够丰富,他们着眼的不仅是防灾,还要变害为利。宁可牺牲部分公共设施暂时的可利用性,也要保存多一些的淡水资源。可见发达国家早就为防治城市积水做了长远打算。看来要防治城市积水不能单靠天气预报,要有新的观念,以及多个部门的共同策划、努力。

正在逐渐增多的灾害

我国的大小城市都在大兴土木,都市化的程度在迅猛发展。这意味着城市里雨水可渗透的地面越来越少,尽管现在许多城市都强调了种草、种树、绿化环境,但实际上所种的人工培植草坪,根系很密,可渗透性也比较差;加大了城市的柏油和水泥的地面,进一步强化了城市的热岛效应,使城市及其周围发生阵性强降水的机会与可能性加大。因此,城市的雷阵雨会增多,积水的问题也会更为严重。

事实上,我国一些最新的科研成果显示,气候变暖会使我国一部分地区气候发生变化,降水增多,当然,这个结论还要通过一段时间的实践来检验。有关的科研还对我国过去几十年的资料进行了分析,并揭示出,在我国,无论是降水增多的地区还是降水减少的地区,降水的集中性都在增加。这就是说,今后出现大雨和暴雨的机会更多了,而连续性降雨的雨量则相对减少了。

随着经济不断地发展,城市化将越来越普遍,农村人口将逐渐向城市集中,都市化要发展,这将是我国今后几十年的大趋势,不仅我国如此,许多发展中国家也如此,全球气候变化也是21世纪的一个大趋势。

这两个趋势就决定了城市积水的灾害正在和将要增多。虽然城市积水是一种常见的、个别区域的灾害,但是如果发生在经济繁荣、人口集中的城市地区,那么,它造成的危害就比较大。

与洪涝有关的城市积水

还有几种城市积水并不是由短时强雷阵雨造成的,而是由于其他一

防灾减灾

些原因,如在沿江河的城市,由于江河泛滥成灾,使城市大部地区被洪水淹没,在我国许多大中小城市都曾发生过。比如,天津、武汉、上海、广州、安康等,都曾有过街上行船的记载,但这是属于大范围洪涝。

对于一些沿海城市,由于台风登陆或风暴潮与天文潮的共同作用使暴雨与潮水同时袭击,甚至海水沿江河及下水道向陆地倒灌,导致城市被水淹没。这种涨水来势异常迅猛,人们往往会躲避不及。由于城市被淹而伤亡人数甚大的,多数是属于这种情况。在日本、美国、菲律宾、印度、孟加拉国等国家的城市都发生过;我国的上海、汕头等城市也发生过。

世界上还有一些著名城市,几乎年年发生积水,发生频率很高,如意大利的威尼斯、泰国的曼谷、孟加拉国的达卡等。这是由于这些城市都靠近河流的入海口,本身的地势很低,海拔高度只有二三米,甚至更低。在雨季中遇有河流水位比较高或降雨较多时,下水道的水就排不出去,甚至倒灌,使得城市积水。淹水一般不深,只有十几厘米或二三十厘米,人可以蹚水而行,车辆可以照样行驶,在威尼斯的旅游胜地圣马可广场,游人还可以踩着广场上垫的大砖头在水上行走。但是,这类积水消退得很慢,有时要几天、甚至十几天。积水已经成了这几个城市市政部门的老大难问题。威尼斯和曼谷已经在国际上征集解决方案。随着全球气候变暖,海平面的逐步升高,这几个城市的积水问题会变得更为严峻。

就目前所知,我国沿海还没有这样的城市,至少情况还没有那样严重。但是我国确有些沿海城市如天津、沧州、上海等,地下水位在下降,导致城市地面下沉;另一方面,海平面也在上升。这种趋势如任其发展而不加控制,那么,几十年后,这些城市也可能会发生上述积水问题。

(原文刊载于《气象知识》2004年第3期)

揭秘"低空风怪"——下击暴流

文 / 王海波

1982年7月9日，美国泛美航空公司的一架波音727喷气客机，在新奥尔良的英伊特国际机场起飞。飞机离地后仅20秒钟，突然失控，坠毁在机场附近，机上乘客和机组人员共145人，全部遇难。

2000年6月22日，武汉航空公司一架运七飞机在执行恩施至武汉航班任务时，在武汉王家墩机场准备降落过程中，飞机解体坠毁，造成49人死亡。

2015年6月1日，重庆东方轮船公司所属"东方之星"号客轮沿长江由南京开往重庆，当航行至湖北省荆州市监利县大马洲水道时翻沉，造成严重的人员死亡。

这些惨痛事故背后都有同一个"罪魁祸首"，它就是下击暴流。作为一种灾害性天气，它看不见、摸不着，就像一个隐形杀手，总在不经意间给我们带来致命的伤害，所以又被称为"低空风怪"。下面就让我们走近这个"作恶多端"的"风怪"，认识一下它的"庐山真面目"。

下击暴流到底是个啥？

下击暴流，可以说是一个非常"高冷"的科学名词，此前可能很多人都没有听说过。那么什么是下击暴流呢？

首先让我们来看一下《大气科学辞典》的权威解释：下击暴流是一股在地面或地面附近引起辐射型灾害性大风的强烈下沉气流。通俗地讲，下击暴流就是从云中快速下冲的一股强烈气流，触及地面后向四面八方散开。我们可以把它想象为一个从天而降的气流炸弹，到达地面后爆炸，气流就像炸弹的碎片一样向周围飞溅。还有人将下击暴流比作高悬在空

防灾减灾

中的水龙头向下放水，下沉的气流就是倾泻而下的水柱。我们知道，水到达地面后，会水花四溅。而气流也一样，只是我们看不到而已。向四周发散的气流就形成了强烈的直线风，其威力和龙卷相当。

越接近地面风速越大，可达到20米/秒以上，影响方圆几千米的范围。

下击暴流是日裔美籍气象学家藤田在20世纪70年代调查飞机失事事件时首次提出来的。按照其发生尺度大小和持续时间，可分为微下击暴流和宏下击暴流。其中，水平辐散尺度小于4千米，时间尺度为2～10分钟的强下沉气流区称为微下击暴流；尺度大于4千米，持续时间为5～20分钟的称为宏下击暴流。在一个大的下击暴流外流场中，往往嵌着几个微下击暴流单体。

那么，下击暴流是如何形成的呢？研究表明，下击暴流多出现在发展成熟的强雷暴云之中，由超级单体强降水的向下拖曳作用和冷暖空气密度差异有关的动力作用产生。一般认为，下击暴流的形成和雷暴云顶的上冲和崩溃紧密相关。上升气流在其上升和上冲的过程中，从高层大气运动中获得了水平动量。随着上冲高度的增加，上升气流的动能变为势能（表现为重、冷的云顶）而被储存起来。以后，一旦上升气流迅速消失，云顶迅速崩溃，便产生下沉气流。下沉气流在下降过程中吸收了巨大的水平动量迅速向前推进，当到达地面时，就可以形成下击暴流。

下击暴流威力几何？

下击暴流属于小尺度风暴系统，虽然"个头小"，但"脾气"大，其破坏性不可小觑。

下击暴流是飞行安全的劲敌。下击暴流对飞行安全的影响，主要表现在飞机起飞和着陆上。飞机起飞和着陆在飞越下击暴流时会碰到逆风切变、顺风切变、侧风切变、垂直风切变等4种风切变，同时由于下击暴流气流下沉，地面便迅速外流。飞机起飞和着陆都是先逆风飞行，然后飞进下击暴流区，最后顺风飞行。在逆风飞行时，飞机空速（空速就是飞机相对于空气的运动速度）增大，飞行员为了保持空速，必然会减油门。当油门减下来后，飞机飞进下击暴流区，这时飞机空速减小，飞机突然下降。飞行员为了保持空速和高度，必须增大油门。当油门增大后，飞机飞进顺风区，容易造成速度失控。如果下沉气流不强，飞行高度高，飞行员经验丰富，有可能飞出这危险区；但如果碰到下沉气流强度大，飞行高度低，飞行员缺少飞行经验，一旦操作不当就可能造成飞机失速坠毁。历史上因下击暴流造成的飞机失事的事故可以说是不胜枚举。

另外，下击暴流触地后，带来的瞬时大风破坏力极强。下击暴流影响区域内可能出现超过17.2米/秒（8级）的瞬时地面大风，最大地面风速可达50米/秒（15级），造成农作物倒伏、树木折断甚至房屋倒塌，如果发生在水面上则可能掀翻船只。这种突发性的大风灾害难以提前预测，往往在毫无征兆的情况下突然发生，很短时间内就会对人们的生产、生活造成较大伤害。20世纪80年代，在美国田纳西河上，一条老式双层游船就遭遇了下击暴流袭击，顷刻之间被掀翻，船上18人中有11人丧生，2人受伤。

和龙卷、飑线有什么关系？

在对下击暴流天气进行鉴定时，经常会把它和龙卷混淆。我们知道，龙卷的"知名度"相对于下击暴流而言，可是高出很多。它和下击暴流一样，也是一种破坏力极强的小尺度天气现象，生成和消亡迅速，持续时间由十几分钟到几小时不等，风速最大可达200米/秒以上。但是，这两种天气现象还是有一定区别的。

首先,两者的形成机理不同,甚至可以说是相反的。龙卷是一个低气压涡旋,是由强大的垂直向上抽吸气流形成,其内部的气压比外部低很多,而下击暴流在地面上则是一个雷暴高压。其次,两者形成的风的特点也不同。龙卷在地面的气流是向内辐合,形成的风是旋转性的强风;下击暴流地面气流是向外辐散,形成的风则是直线型大风。再次,两者的最大风速的大小和分布也不一样。龙卷的风速由中心向外逐渐增大,一般距中心10米处风速最大,可达12级以上;而下击暴流在嵌有微下击暴流的重叠部分风速最大,可达8级以上。最后,龙卷与下击暴流的尺度也不相同。龙卷的尺度要小得多,只有数十米到百米,持续时间只有数分钟;而下击暴流的尺度可达几千米,相对较大,持续时间也较长。

除了龙卷风之外,和下击暴流经常"纠缠"在一起的,还有飑线。飑,可能很多人都读不准确。它的正确发音为biāo,《辞海》解释为"风骤貌"。《文选·班固》载:"游说之徒,风飑电激,并起而救之。"吕向注:"飑,急风也。"在气象上是指突然发作的强风,持续时间短暂,出现时瞬间风速突增,风向突变,气象要素也随之剧烈变化,以致猝不及防,造成灾害。飑往往不只在一处发生,而是排列成线状,称为飑线。由许多雷暴单体排列而成的强对流云带,在雷达图上常显示为一条强回波带。飑线移动速度快,持续时间短,沿着飑线可出现下击暴流、龙卷、雷雨大风、冰雹等剧烈的天气现象。如前面提到的"东方之星"号客轮翻沉事件,就是由突发罕见的强对流天气——飑线伴有下击暴流带来的强风暴雨袭击所致。

下击暴流可以预报出来吗?

下击暴流如此"凶残",我们现在能提前预报出来吗?

事实上,下击暴流、龙卷以及飑线等强对流天气是目前天气预报中的一个世界性难题,世界各国都没有成熟的预报方法。以下击暴流为例,美国从2004年开始探索其识别和预警，结果表明：下击暴流的预警时间与其离雷达的距离有关，距离为20~45千米，提前预警时间为5.5分钟；距离为45~80千米，提前预警时间基本为零；而距离小于20千米或大于80千米时，则无法进行预警，只能通过事后现场调查分析才能确认。下击暴流等强对流天气如此难以"捉摸"，原因何在呢？

首先是因为其"个头小"。相比于台风、冷空气这些天气系统中的"大块头"（空间上有几百千米甚至上千千米，属于大尺度天气系统），下击暴流等强对流天气属于"小个子"——中小尺度系统。其影响范围从几千米到几十千米不等，有时甚至按照百米计量。而气象台站目前还不能每隔几千米到几十千米就布设一个，这就像"大网捕小鱼"，难免会有疏漏。

其次是它很"短命"。下击暴流等强对流天气往往生成很突然，对某一地区的影响时间也相对较短，"生命史"只有十几分钟到个把小时，有的甚至是分分钟的事儿。因此，要提前24小时或是48小时预报局部地区的强对流天气也就非常困难了。

再次是它"出生"的环境很复杂。下击暴流等强对流天气的生成和发展需要衡量综合大气条件，而这些条件往往是难以预料、不确切的，再加上不同地区之间各不相同的地形因素，也进一步增加了准确监测、预报强对流天气的难度。

（原文刊载于《气象知识》2016年第2期）

气象万千
QIXIANG WANQIAN

摸透梅雨脾气 利用梅雨气候资源

文 / 丛华

每年初夏，正值江南梅子黄熟，梅林飘香的季节，锦绣江南的天空却常阴沉得像一块灰色的帐幕，给一切都染上了一层灰蒙蒙的色彩。连绵的阴雨，时大时小。这就是人们常说的"梅雨"季节来临了。诗曰："一到梅子熟，萧萧雨不歇。"

梅雨是东亚地区特有的天气气候现象。梅雨期间，在我国江南地区形成一长条形雨带，其大致范围为110°E以东，26°~34°N的广阔区域。这个雨带还跨海东渡，波及朝鲜南部和日本南部。每年盛夏前后，来自西伯利亚、蒙古一带的干冷气团，时常与来自海洋上的暖湿气团在江淮流域相遇。冷空气像楔子一样插入暖空气的底部，迫使其上升、变冷，所含水汽就发生凝结，成云致雨。由于形成梅雨的两个气团势均力敌，所以梅雨锋稳定少动，造成旷日持久的梅雨天气。

张晓力/摄

气象万千

正常梅雨在6月中旬入梅，7月上旬出梅。梅雨季节长20～30天，雨量在200～300毫米之间，占当地全年雨量的20％～30％。

梅雨季节，气温较高，雨量充沛，十分有利于水稻、棉花、蔬菜、瓜果等多种作物的生长。千百年来，我国劳动人民在生产实践中逐渐摸透了梅雨的脾气，合理地利用梅雨这一气候资源，并把握了与正常梅雨相适应的农作物布局和茬口安排，可以说达到了巧夺天工的神圣境界。"鱼米之乡""两湖熟，天下足""上有天堂，下有苏杭"道尽了这一带的美丽与富庶。

梅雨的年际变化很大。入梅日期迟早可相差40天，出梅日期可相差45天。历史上最长的梅雨季节达到60多天，而有些年份竟不是"梅雨时节家家雨"，却是"梅子熟时日日晴"，出现所谓"空梅"。

农业、渔业对梅雨的变化非常敏感。例如海蜇的产量就与梅雨的关系非常密切。海蜇漂游于半咸淡的沿海水域，群居生活。我国浙南和杭州湾就有两个群体。梅雨时节是海蜇成长的青春期。若此时雨水适量，汇入海中的江河水会给临海水域带来丰富的饵料，使海蜇生长迅速；若雨水太少，会使饵料不足，影响海蜇发育；若雨量过大，径流量增大，低盐水域向外扩展，海蜇分布稀疏，产量也相对偏少。

梅雨来得迟早、雨期的长短对农业生产影响很大。长江中下游正常梅雨入梅前的5月和6月上旬，多为晴朗天气。此时正是成熟的元麦、大麦、油菜籽收获的好天气。若梅雨来得太早，就会影响到这些作物的收割和储藏，出现丰产不丰收的情况。

若梅雨严重异常，还会引起这一带罕见的洪涝或持续性干旱。像1931年、1954年以及1991年江淮流域的洪涝灾害，都是由于梅雨的降水异常增大引起的。由于降水来势猛、强度大、范围广、持续时间长，致使农田被淹，铁路受阻，工厂停产，人民生命财产遭受严重损失。如果梅雨期降水过少，甚至空梅，则会造成严重干旱。虽然干旱来势缓慢，但持续时间长，波及的范围广，对社会的影响程度并不亚于洪涝。1978年春季，南方大部分地区雨水偏少。入夏后，由于空梅，江淮流域又高温少雨，干旱持续2～3个月，有些地区旱期竟达5个月以上。工农业生产都因供水不足而受影响。

梅雨季节，空气潮湿，霉菌丛生，物品极易受潮霉烂。因而，梅雨也俗称"霉雨"。李时珍在《本草纲目》中写道："梅雨或作霉雨，言其沾衣及物，皆出黑霉也。"梅雨天气使物品极易长霉，会给生活生产带来某些不利的影响，但丰沛的天然降水是人类赖以生存的根本条件。事实上，一个地区的降水状况，对当地的社会发展起着非常重要的作用。像江南地区那无垠的稻田，郁郁的桑林，青青的茶树，港汊交错的江河湖泊，都离不开梅雨季节雨水的滋润。

在梅雨参与描绘的江南美景中，不能不说它是位温顺和蔼、慷慨给予的朋友；可再想一想由它引起的干旱、洪涝所造成的灭顶之灾，又不能不说梅雨是个狂暴凶残的敌人。因此，研究梅雨的变化，使其有更多的部分转变为可利用的气候资源，无疑是人类和气候关系领域中一项非常有意义的工作。摸透梅雨的脾气，作出准确的梅雨预报，自然是气象预报的重点之一。在1991年的江淮暴雨中，气象预报就是各级领导作出抗灾决策时不可缺少的依据。

1991年，为减少梅雨造成的灾害，确保蔬菜生产，江苏省南通市气象局在19个蔬菜农场和4个蔬菜生产指挥部门装上了气象警报接收机，形成了郊区蔬菜气象预报、警报服务系统，为菜篮子工程出了力。

1991年梅雨期间，正是由于气象部门准确地预报降水情况，准确掌握泄洪放水和蓄水保水的时间，湖北省黄冈地区的白莲河水库不仅安然度过百年未遇的洪涝灾害，而且形成了最佳蓄水保水时间，为盛夏用水提供了保证。

随着气象探测技术的发展，人们对梅雨的认识也必将会产生一个飞跃，充分利用梅雨气候资源、稳妥地躲避梅雨带给人类的灾害，将会成为现实。

（原文刊载于《气象知识》1993年第3期）

气象万千

扬州园林中的气象奇景

文 图 / 林之光

2009年11月,我参观了个园、何园(寄啸山庄)和瘦西湖等扬州最著名的景区,发现了其中许多与气象有关的问题。

扬州园林在我国园林中具有很高地位。清代著名文人刘大观曾说:"杭州以湖山胜,苏州以市肆胜,扬州以园亭胜,三者鼎峙,不可轩轾"(《扬州画舫录》)。可见在我国古代私人园林中,扬州就是十分著名的。在现代,据记载,扬州个园和北京颐和园、承德避暑山庄、苏州拙政园并称我国四大名园。

个园的四季假山

如果说扬州亭园在全国园林中以叠石胜,那么叠石在扬州园林中又以个园的春夏秋冬四季假山胜。个园是清代两淮盐总黄至筠的私宅,前宅后园。本文所说的个园就是指它的后园,四季假山即位于后园之中。四季假山这种景点在我国是个孤例。它突出反映了扬州冬冷夏热,四季鲜明的气候特点。

春山:雨后春笋

设计者特意把春山设计在园门内外两侧,"一年之计在于春"么。园门外是主景区,两侧各是一个近方形大花坛。花坛内数十竿修竹凌云直上,竹丛中植若干峰笋石,高低参差,似新笋先后破土。即,春山乃取"雨后春笋"之意。

当然,这并非春山区面积不能更大,而是暗示"春光虽美好,但稍纵即逝",即"惜春"之意。因为游人最多只要十几步,"春天"就过去了。

园门墙后是"十二生肖闹春图",进一步渲染春的气息。生肖兽石个

135

春山

夏山一角

气象万千

个惟妙惟肖，暗示中国园林的开端，即取《诗经》中"囿（园），所以域养禽兽也"，即最早的园林是养禽兽的意思。

夏山：夏云多奇峰

走过"百兽闹春图"，迎面而来的就是个园中的中心建筑宜雨轩。宜雨轩的西侧便是夏山区，夏山乃由太湖石堆成的许多塔形直立山峰组成。峰的顶部凸圆，状如夏季天上的浓积云。即取其意为"夏云多奇峰"（陶渊明《四时》）。

夏山之前有一个深池，池西岸有一象形蛙石。取"黄梅季节家家雨，青草池塘处处蛙"（宋赵师秀《约客》）之意。扬州徐园听鹂馆"青草池塘吟榭"景点的蛙声过去曾经像"千军呐喊"。池塘前有几株巨大的广玉兰，是全园最高的树木。树下浓荫匝地，让人顿生"大树底下好乘凉"的快意。个园夏山中还有一个清凉去处，是山中的洞穴，其中可坐可卧。何园中的片石山房，封闭性更大。石室中"夏日入内，暑汗尽消"。

秋山：黄石丹枫，明净如妆

秋山在夏山之东，由有棱有角的黄石堆成。每当夕阳西下，映照得黄石山体上下一片橙黄，呈现金秋绚丽色彩，取"秋山明净而如妆"（宋郭熙《林泉高致》）之意。

秋山主峰高9米，气势磅礴，是全园制高点。主峰上置拂云亭，取"高可拂云""秋日登高"之意。秋山植物以枫为最多，黄石丹枫倍增秋意。站在拂云亭上看夏山，座座山峰浑圆顶部组成了好像由一朵朵浓积云组成的一片"云海"。因此，据记载，夏山还有个奇怪名称，叫"秋云"。

秋山南峰上有个"住秋阁"，阁前有一株终年皆红的枫树，暗示秋天常驻之意。这与一般人"春常驻"的愿望不同。原来是，园主人青年坎坷，中年事业才获成功，他希望事业常驻于丰收秋季。

冬山："群狮戏雪图"

冬山在秋山之南，全以白色宣石堆成。宣石主要成分是石英，阳光下似雪，熠熠发光；背光下皑皑露白，好似积雪未消。宣石石块多浑圆团

秋山和拂云亭

风音洞

气象万千

曲,因此冬山设计得远远望去犹如许多雪狮子若蹲若伏,若立若舞,因此冬山也被称作"群狮舞雪图"。山前地面全用白矾石按冰裂纹状铺成,更增寒冬景象。冬山中配植天竺、蜡梅,使冬季中常有暗香浮动。

冬山背后(南侧)是一座高墙。有趣的是,墙上有四排24个直径为1尺、均匀分布的圆洞,人称风音洞。每有稍大北风,就会发出"寒风"呼啸的声音。真是别具匠心。至于风速加大的原因,一般认为有两个:一是北风通过风音洞时的狭管效应;二是风音洞所在高墙和个园住宅区后墙之间形成了一条狭长通道,气流被迫在通道中擦墙而过时,根据帕努利原理,会形成负压,加大风音洞中气流的流速。

四季假山的奇妙时空变化感觉

实际上,四季假山的欣赏价值,并不止于四季假山本身。

例如,第一,在四季之末冬山区的西墙上,开了两个圆形的漏窗。通过漏窗,又可以看见墙东"雨后春笋"的春景。这很易使人感到冬尽春来,一年四季周而复始。游园一周,如历一年。所以才有人说:园中方半日,山中已一"年"。原来,春夏秋冬四山,基本上是按顺时针排列、呈圆形分布的。更有趣的是,设计者还特意在冬山漏窗前,放置了一个蹲踞状石狮,探头眺望隔墙的春景。因此此景也被称作"石狮探春"。

第二,在夏山和秋山之间,有一幢楼相连接,该楼如同把两山抱在怀里,因而称为"抱山楼"。该楼是全园体量最大的建筑,从楼上或楼下的走廊中都可从夏山走到秋山。因此,这条走廊虽然只有40.8米长,但却被称为世界上最长的廊,因为要从夏走到秋。但也有人把这条可以从夏天走到秋天的廊称为"时空隧道"。

第三,宜雨轩是个园的中心建筑,其四周都是玻璃窗。春山、夏山、秋山和冬山大体环绕轩的四周,所以说"人在厅中坐,景从四边来"。春夏秋冬竟一起隔窗涌到眼前,好似四季不再更迭,时间停止脚步。如果在轩周环廊中散步，又好像不断穿越季节时空，有一种神奇有趣的感觉。

正由于四季假山的立意如此奇妙，因此，代表中国在美国建立的国家级园林项目"中国园"（位于占地5公顷的华盛顿美国国家树木园）中就有个园的四季假山。

扬州园林中的"雨景"

气温、风、湿度等各种气象条件对扬州园林也都有影响，但相对其他园林不显特殊。我们这里主要只讲几个特殊"雨景"。

个园中的宜雨轩是主人接待宾客，与新老朋友欢聚的场所。轩门前挂了一副对联。上联是"朝宜调琴暮宜鼓瑟"，下联是"旧雨适至今雨初来"。其实，此"雨"非那雨，"雨"者"友"也。

"旧友，今友"源出杜甫《秋述》："卧病长安旅次，多雨生鱼，青苔及榻。常时车马之客，旧，雨（友）来，今，雨（友）不来。"人情冷暖，世态炎凉，令杜甫感慨万分。后人由此便用"旧雨""今雨"借指老、新朋友。"旧雨适至今雨初来"，表示老朋友刚到，新朋友又来。所以，"宜雨轩"者，"宜友轩"也。

有趣的是，下联的两个雨字中，第二个雨字中间不是四点，而是有七个点之多。也许是想表示新朋友比老朋友还多的意思吧。

全园中还有一个此"雨"非那雨的"雨景"，即"桂花雨"。原来，园中藏书楼东有一条小巷，大约50米长，两边种的是大叶桂。桂树现在已经栽培成了高树，头顶上的枝已经交错封闭，使小巷成了一条林荫小径。每逢桂花盛期，微风过处，桂花纷纷扬扬好似下雨一般。

扬州园林中的真雨景，即下雨时才有的景，是流泉和飞瀑。

例如，何园片石山房主峰西侧，随着山势陡壁修筑了一条雨道。下雨时便有层层叠落的流泉飞瀑，沿雨道而下。淙淙泠泠，天籁之声不绝。另一处雨瀑在新城刘庄。利用屋檐集水下注于下方山上，形如匹练，亦蔚然

气象万千

可观。瘦西湖梅岭春深景点过去也有积蓄山洪,使"百尺飞泉"直射涧底的壮观景象。但后因维修不当,故今虽山雨照有,而飞泉已不至。

扬州园林中还有一个与雨有关的景。那便是瘦西湖"四宝"之一的"一石"——盆形钟乳岩石景。此石如一长盆,长约三尺,宽二尺余,厚二尺余。中间低凹,四周有悬崖峭壁深洞连峰。石上绿苔斑斑,时生细草小花。一旦雨天积水其中,倒映峰峦侧影,自成一盆绝妙微型山水。

最后说到降雨对扬州园林建筑的影响。由于扬州多雨(年平均雨量约1100毫米,年平均雨日约115天),常造成游园不便,因此,园中多亭、多廊、多榭,以荫蔽烈日,遮蔽雨雪。扬州园林尤以廊和亭著名天下。廊中最值得称道的是何园中的复道回廊(两层),长约400米。楼廊高低曲折,回绕于厅堂居室之间,经它可以不用雨伞、阳伞而全天候通行全园。加上它造型奇巧壮观,很为游人和专家称道,享誉海内外。

再有,扬州不仅多雨而且地近长江,地下水位较高,因此,建筑防潮问题不容忽视。例如,个园建筑物都用方砖铺地,但它一般不直接接地基,而是用钵子翻过来底向上,方砖四角架在钵底之上。这种防潮方法还有另一个好处,就是脚落地无声,起减震作用。何园高大、精美的玉绣楼为了抗湿,不仅加高地基,全以平整白石砌筑,而且其中每隔约三四米开一条圆形水平风道,以通气排湿。

(原文刊载于《气象知识》2010年第2期)

2015年十大气象科技畅想

文/孙楠 张静 史一卓

畅想1：人人都是气象观测员

提炼：永不掉线是一种新的传感器理念。在这种理念下，科技和身体从分开走向融合。"穿戴"技术如果走俏，有人的地方就有气象站将成为可能。

2015年，人人都是气象观测员并不是空穴来风，从技术层面上，这是看得见的未来。

2014年9月22日，《时代》杂志评论说苹果智能手表将迎来穿戴科技时代。智能手表通过引入低价传感器、增强电池寿命、提高语言识别技术等移动计算技术的优势来创造一种可佩戴的移动设备。

苹果手表通过第三方佩戴感测器的生态系统工作，所有产品集中在一个外观小巧但功能强大的集成器里，就好比佩戴着小型电脑或者小型处理器。

如果将这一概念引入气象观测，使用微缩的、低价的传感器收集气象要素，通过处理器上传到云平台，便可实现有人的地方就有气象站。苹果6手机已经具有气压传感器，能够测量并上传气压；三星S4及Note2已经具备气压、温度、湿度传感器。这为可检测气象要素的微型传感器应用于穿戴设备奠定了基础。

每个人都可以通过穿戴设备将气象观测数据传入气象数据的大网络，这将弥补一些边远地区观测站点不足、站网不密的情况，避免由于气象数据不足而造成的气象服务偏差。

畅想2：气象预报员的十字路口

提炼：随机动力学引入数值模式或带来天气预报第三次飞跃。在数值预报变革的同时，气象预报员站在了十字路口上。

气象万千

将随机动力学引入预报数值模式是气象专家正在做的事。一些学者从大气运动随机性出发，试图在理论上获得突破，即明确随机过程在多大程度上影响大气运动，同时在模式的每一步积分运算中将随机内容体现出来。

从另一角度说，数值模式的提升必须伴随计算机的提升，目前气象界议论即将诞生百亿亿次计算能力，耗能将达100兆瓦，约是10万人城镇的用电量。引入随机动力理论如果成功，天气气候模式在更贴近实际的同时，计算方案也将被有效简化。因此，加入更多"随机"要素能在相同的计算消耗下获得更好的预报效果。

欧洲国家正在尝试，气象学家称之为天气气候预报的新拐点，2015年这一理念也将进入更多国家。

数值预报变革难免会牵扯到预报员的命运。数值预报可提供日常预报以及人力很难达到的高频预报。预报员则有更多精力去做决策性预报，或针对不同客户需求，完善针对性天气预报。

美国、加拿大等发达国家走在前列，预报员基于数值预报实现了预报服务一体化。由此看来，2015年全球的预报员可能站在十字路口上。

畅想3：气象资源妙用给经济加油

提炼：人类粗犷式征服自然的后果已经显现，气候变暖可能造成不可逆的损害，此时，巧用气象资源，借力于自然，可能成为引领时代的突破口。

100多年前马克·吐温曾说，密西西比河永远不会被工程师征服，但如今，水库和大坝降服了这条巨大水道。人类从来都想征服自然，但若想不破坏自然可持续发展，巧妙利用气象资源倒是不错的法子，这也难怪"风能"入选2015年最值得期待的十大科技突破。

最近，当工作人员开始在美国马萨诸塞州科德角安装高压电缆的时候，他们其实是在为一个可再生能源新时代奠定基础。这些电缆将把电能从美国第一座海上风力发电场输往新英格兰。130座巨型涡轮发电机将满足25万新英格兰居民75%的电力需求——在之后超过25年的时间里为他们节省大约72亿美元。美国能源顾问布鲁斯·汉密尔顿说："海上风力发电时代已经到来。"

全球变暖的今天，寻找像风能一样的清洁能源已成为既减缓适应气候变化又为世界经济加油的举措。

像风能一样，气象资源的妙用就在于借力于自然。农作物种植线北扩从而扩大种植面积、海冰融化开辟出北冰洋新航道、北极资源探查等，因此，有理由相信，2015年，气象资源妙用将会成为科技创新的突破口，推动和引领一个时代。

畅想4：量身定制天气服务

提炼：如果你是个夜猫子，喜欢半夜出去泡吧，那么每天23时你可能会收到天气预报推送，告知夜里温度及适合穿的衣服。

刚刚过去的一年，挪威气象部门的气象预报网在欧洲乃至全球都很闻

名，精细化街区预报不仅每小时都可以更新，用户还可以在网上定制不同时间和地点的天气预报。

2015年，精细化、针对性、客户全程参与仍然是国际上气象服务的主要发展思路。目前很多国家都研发了专门进行1小时内分钟级降水预报的软件，其中一些30分钟内降水预报准确率在80%左右，6分钟内准确率达90%。

由此看来，2015年传统天气预报受众会越来越少，而能够满足个人需求的多点精准预报服务、获知灾害发生和结束确切时间将有可能实现。

世界气象组织计划从2016年至2019年启动服务提供战略及其实施计划，关键就在于让用户全程参与，根据用户需求、后续反馈推送并调整天气预报服务信息，形成循环链条。

大数据、云平台以及随时互联沟通的智能设备都已为有针对性、互动性的精细化气象服务打好了基础。大势所趋，2015年是全球气象服务备战试水的一年，也必将是竞争激烈、挑战与机遇并存的一年。

畅想5：气象搭上了大数据列车

提炼：气象数据的多少决定气象服务社会这道"招牌菜"的口感，但吃一盘菜始终不如学做一盘菜来得实惠，因此，数据也必须用活了。

从1904年V.皮叶克尼斯提出天气预报是一个物理初值问题至今，在短短不到一百年的时间里，气象数据的应用实现了质的飞跃。特别是近20年，气象数据已经增长了近千倍，观测信息量越大，所蕴藏的真实信息越多，"招牌菜"的口感也就越丰富，而原材料的加工使用也被日益关注。尤其是大数据时代，气象数据怎么用就更为关键。

地球风险是一家利用大数据预报未来天气情况的公司，他们基于820亿次计算以及60年的气象历史数据来识别天气模式，加之美英政府以及数千气象科研人员的观测数据，还有每天更新的数据库，最长可提前40天预报冷热天气概率。再比如，默克公司提前半年多掌握了美国地区3月份的气象信息，并预测温暖空气将带来花粉等过敏因素，加大了过敏药的宣传和供应，由此带来了数百万美元的额外销售额。

随着大数据时代深入人心，气象搭载上这趟开往智能地球的列车是必然之选。2015年，气象大数据将着眼于"鱼到渔"的改变。观测数据高速增长，可能因为用户使用不当无法升值。在这种情况下，建设服务平台、开发软件服务，让气象大数据成为城市社会建设的"基础设施"是明智之举。

畅想6：3D打印技术的气象路

提炼：用3D打印技术可以省去小批量高精尖设备高昂的模具成本，关键是打印物件更加优良。这听起来非常有趣，且充满神秘感。

3D打印技术被誉为划时代的技术。2012年，一位83岁的老妇曾成功移植了3D打印的钛颌；2013年，美国一男子头部移植了3D打印的塑料头骨。

这几年，这一技术已经开创了在气象领域运用的先河。RedEye公司与美国航空航天局（NASA）合作，3D打印了卫星天线模组的30套支架，用于帮助气象卫星群观察地球大气电离层、气候、气象状况的太空任务。

一直以来，气象观测设备都是以传统机械加工的方式制造的，存在重大的缺陷——耗时长、成本高。随着3D打印技术的发展，适应气象观测所需材料以及设备将被逐步研发，这将可以节约劳动成本。

气象学业界对于3D打印的争论还是在于其成本问题。目前，3D打印机已经家庭化，美国Makerbot公司推出了售价仅为1400美元的迷你3D打印机，可在线下载模具。这为大家提供一种全新的家庭制造体验。2015

气象万千

年,随着科技发展及成本下降,气象高精尖设备的生产也许会更多地依赖3D打印。

畅想7:卫星像单反相机一样

提炼:当用单反相机拍摄出绚丽的照片时,是否想象着在外太空利用气象卫星洞察大气呢?新一代静止气象卫星的研发将让这一梦想不再遥远。

目前,美国国家海洋和大气管理局(NOAA)、欧洲气象卫星开发组织(EUMETSAT)、中国气象局、日本气象厅、韩国气象厅等全球主要的卫星运行机构都在加紧研制14通道至16通道的新一代静止轨道卫星。"风云四号"和EUMETSAT下一代静止卫星将首次搭载红外高光谱探测仪。每十分钟获取一次地球监测图,在特殊的天气条件下,可启动1分钟至2分钟的高频次观测,这些都将不再是梦想。

2014年10月7日,日本成功发射了"向日葵8号"气象卫星。卫星设计寿命达到15年以上,所携带的观测仪器设计寿命为8年以上,搭载的可见光和红外扫描辐射计拥有世界顶尖的观测能力,可每十分钟一次直接传送彩色卫星图像。

可以说,国际气象卫星星载仪器和通道更多、时空分辨率更高、成像更快、性能更高和产品更加丰富等已成为发展趋势,正如世界气象组织综合全球观测系统专家詹姆斯·珀德姆所说:"我们将见所未见,打开一扇通往美丽世界的大门!"

畅想8：极端天气研究成为科技热点

提炼：人类生活的地球在不断升温，面对频发的极端天气事件，科学家们一直在努力寻找其背后的推手。

《科学》杂志在2014年终刊上对2015年可能出现的科技热点进行了预测，其中就包括北极海冰。除此之外，太阳系探测、大型强子对撞机和联合免疫疗法也都榜上有名。

北极海冰减少对北极地区气候变暖的放大效应在科学界已是众所周知。但北极变暖对低纬度地区天气将造成何种影响，是否对过去十余年间一些与亚洲季风和欧洲冬季有关的极端天气气候负有责任，仍然是科学界热议的话题。

确认大气环流中的复杂动力的长期联系不是一件容易的事情。在过去的一年中，科学家们提出了一些观测模型，包括大型的罗斯贝波（又称"行星波"）和极地喷流模型，2015年，通过这些模型也许能够确定北极变暖如何对数千千米以南地区的天气造成影响。

畅想9："未来地球"找寻环保之策

提炼：交叉学科的发展不论在国内还是国外都比较艰辛。只有打破学科间的壁垒，填平研究和实践间的鸿沟，才能更好服务于社会发展。

现代气象学和海洋学的开拓者卡尔·古斯塔夫·罗斯贝从美国回到自己的祖国瑞典后，发现欧洲在相关方面落后于美国。他提出欧洲小作坊模式基础研究要改变，要学美国搞大工业生产。之后，欧洲气象中心传承罗斯贝的理念，于1976年组建，1980年投入使用，1981年预报水平就成为世界第一。

这一成功案例体现了打破小作坊思想、发展交叉学科的重要性。作为全球变化研究计划的延续，为期十年（2013—2022年）的"未来地球"计

划旨在应对全球环境变化给各区域、国家和社会带来的挑战,加强自然科学与社会科学的沟通与合作,为全球可持续发展提供必要的理论知识、研究手段和方法。

"未来地球"计划首次将"人类发展"这个影响地球环境的主要因素放在了其研究框架的主要位置。相信2015年,跨学科的"未来地球"计划能够开启找寻环保之策的钥匙。

畅想10:在线学习风潮提升气象学科热度

提炼:过去,知识一直被封闭在科研机构的高墙之内,获取知识所付出的代价相当高昂。零边际成本会让这一情况逐渐被改变。

2011年,美国斯坦福大学教授塞巴斯蒂安·特龙在线提供了一个和他在学校授课方式类似的"免费"课程——"人工智能",这门课程的开设开启了一场教育革命。当课程开始时,共有来自世界各地的16万名学生坐在自己的电脑前学习,形成了历史上单次课程的最大教室。

这正好印证了杰里米·里夫金提出的零边际成本概念。

零边际成本在经济、能源等多个领域都有其例证,在气象教学方面也已经掀起了风潮。打开世界气象组织的主页,"网上学习"一栏十分醒目,该网站是世界气象组织和英国气象局合作运行,为世界气象组织成员提供种类丰富,涵盖气象、水文和相关科学的培训课程。同时,人们对天气改变生活的意识不断深入,有意愿在线了解气象科普。

大气科学的普及程度虽然不比社会科学,但随着在线学习风潮的蔓延,2015年会有更多人有机会接触这门看似高深的学科。

(原文刊载于《气象知识》2015年第2期)

雨雪、大风、浓雾，雅康高速沿线气候条件极其恶劣——破解"云端天路"气象难题

文 / 申敏夏

在亚欧大陆的中心地带，耸立着喜马拉雅山脉、昆仑山脉、祁连山脉、横断山脉、喀喇昆仑山脉……巨大的山脉群成为阻隔我国平原和高原地区的天然屏障。

数千年来，这里只有一条绵延3000多千米的茶马古道，联系着西南地区各民族。

川藏地区受困于道路不兴、交通不便，经济社会发展长期落后。

直到20世纪50年代，数十万建设大军挺进大西南，用铁锤、钢钎一下下地凿通了四川与西藏的交通大动脉——川藏公路。

进入21世纪，为加快西南地区经济社会发展，国家作出了建设川藏高速公路的重要战略决定，而连接成都平原与甘孜藏区腹地，并向青藏高原过渡的雅康高速公路（以下简称"雅康高速"）作为其中一环，其建设难度比川藏公路有过之而无不及。

面对地形条件极其复杂、地质条件极其复杂、气候条件极其恶劣、生态环境极其脆弱、工程建设极其困难等"五个极其"现实问题，8万人奋斗了近5年，逢山开路、遇水搭桥，破解了一系列技术难题，终于在2018年12月31日让雅康高速全线通车！

雅康高速在建设和运营过程中怕雾怕雨（雪）又怕风，建设者又是如何破解川藏线上气候极其复杂的问题，让天堑变通途的呢？

气象万千

把新隧道建在冰冻线以下

蜀道难，难于上青天。

雅康高速起于雅安市雨城区草坝镇，止于康定市炉城镇，两地海拔相差2000米左右，这条路相当于从四川盆地底部穿越横断山脉的高山峡谷。而二郎山，是横亘在成都平原进入青藏高原的第一道天然屏障，也是一道天然雨屏。

二郎山是青衣江和大渡河的分水岭，以东是成都平原，气候潮湿；以西是干热河谷，属于亚热带季风气候。因此，两端气候差异非常明显，形成了一道"川西雨屏"，沿线易发洪涝、泥石流、滑坡等多种自然灾害。

为了应对气候极其复杂的情况，雅康高速规划建设时主要有三个办法：一是采取绕避的办法，能不经过灾害点就不经过；二是不能绕避、非过不可的，要加强安全措施的建设；三是根据气象部门发布的预报预警，提前采取防范措施。

冬季，南方降雪后不会形成长时间积雪，道路结冰对交通安全影响极大。当年在修筑川藏公路时，二郎山隧道虽然被打通，但是常年冰雪、暴雨、浓雾、泥石流、滑坡不断，因此该路段极易发生交通事故，甘孜藏区的物资输送受到极大影响。

为解决这个问题，建设者带着干粮，在当地向导的指引下上山，经过10个月的勘探评估，决定避开二郎山隧道的长大纵坡和暗冰路段，把隧道海拔从2200米降到1500米左右，建设一条新二郎山隧道。

这是因为，把隧道建在冰冻线以下能基本解决道路结冰等冬季可能面临的各种不利天气带来的问题。但是，这项绕避措施实施起来并不简单。建设者会遇到涌水等现象，甚至还会遭遇岩爆，即石头像子弹一样四处弹射，危险系数极高，施工的工人都穿着防弹马甲。

在他们的努力下，新二郎山隧道顺利打通。这条长达13千米的隧道，比老二郎山隧道（4千米）的长度还要多出两倍，但翻过二郎山仅需15分钟，比过去缩短了整整45分钟。

由于海拔较低，受天气影响较小，就算下雪，隧道口的积雪也能很快被清除。以前一到冬季就限行的问题，再也不会出现了。

如今，新二郎山隧道犹如一条巨龙穿山而过，极大改善了进入甘孜藏族自治州的交通环境。

跨河大桥躲避大风有巧招

雅康高速全长约135千米，除了有如新二郎山隧道等44条隧道外，还有129座桥梁，桥隧比达82%，是目前四川省乃至全国施工难度最大的高速公路之一，被业界称为筑路工程界的"珠峰"。

逢山开路、遇水搭桥，建设者不畏艰难险阻，硬是在无路的地方开辟出一条福荫万代的路。

在泸定县上游，大渡河大桥长约1100米，重量近60万吨，被称为"川藏第一桥"。

据气候资料统计分析和气象监测数据显示，桥址的瞬间风速可达12级，即32米/秒，人在桥上能感觉被风推着走。

这里风大和地形不无关系。大渡河两边的山十分陡峭。山顶气温较低，太阳西下时冷空气会下沉，引发大风天气；早上太阳出来后又会加热低层大气，空气上升，也会引起大风。风越大，给悬浮桥带来的危险也越大。

大渡河上的风还有一个特点，就是风场比较乱，没有固定方向和大小。为此，建设者在大桥两侧护栏上加装了3米高的铁架——风屏障，可改变风向，减小风对行车安全的影响。通过近5年的建设，分析现场观测资料、气候统计资料、气象预报，建设者发现每天上午风小一些，下午大一些。为了减小风对施工安全的影响，建设者白天铆足劲儿干活，下午则会视情况停工。

给建设带来极大挑战的复杂风场环境，对运营安全也是一个巨大的挑战。雅康高速公路公司已着手在大桥上安装气象观测仪，24小时监测风向、风速，一旦风速超过8级，将暂时禁止车辆通行。布设在桥上的上百

气象万千

个监测元器件,全天候监测位移、应力等变化,数据由系统自动分析,并实现自动预警。

智能化破解雾里行车难题

大雾,一直以来是威胁道路安全行驶的主要气象灾害之一,易发于春秋两季的河滩附近。

雅康高速全线海拔高差达到2000米左右,相当于在135千米的长度范围内,从起点到终点爬升了一座华山。

为解决从平原向高原跨越的高差问题,设计者在崇山峻岭间画了一条线。为了让这条线缓慢爬升,设计者一般选择沿溪线。然而靠水越近,湿度越大,也越容易形成雾。

筑路者分析了多年来的气候资料,加上现场观测到的气象数据,标出了一些易起雾地段,在相应道路旁加设"智能边缘标"。

"智能边缘标"采取黄色和红色灯光闪烁的方式,告知前方车辆通过情况。如果是黄色,则证明此距离处没有车辆;如果是红色,则表示此处正在通过车辆,需保持车距。

此外,雅康高速沿线气象部门还与雅康高速公路公司签订合作协议,为其及时提供气象预报预警信息;雅康高速公路公司将根据气象预报,临时在道路上方的"可变情报板"作出温馨提示,告知驾驶员前方天气情况,从而让驾驶员控制车速。

其实，雅康高速全线还有不少高科技装备。如新二郎山隧道、泸定大渡河大桥等"超级工程"嵌入的监测器、北斗设备等，会第一时间将山体位移数据反馈给后方监控指挥中心，遇大雾、结冰、雨雪等灾害性天气时，便于管理和巡查。

"千淘万漉虽辛苦，吹尽狂沙始到金。"就这样，在这个地形条件复杂、气候条件恶劣的地方建造的高速公路，全程几乎处于架空状态。不少人都说，这架高速公路就像修建在云里。

劈山凿石筑云端天路，古道延伸造福川藏人民。在艰难险阻面前，建设者奋战在崇山峻岭间、坚守在险道路基旁，实现着打通藏区路的誓言。这条高速公路，不仅有利于"一带一路"建设，而且有助于民族团结，为藏区同胞实现共同富裕做出贡献。

数说"五个极其"

地形条件极其复杂。雅康高速位于四川盆地向青藏高原过渡的横断山脉，短短135千米需克服2000米的高差。

工程建设极其困难。雅康高速全线桥隧比高达82%，是目前国内在建高速公路桥隧比最高、施工难度最大的项目之一。

地质条件极其复杂。雅康高速位于高烈度地震区域，需穿越多条区域大断裂带，如新二郎山隧道穿过13条断裂带，工程地质条件复杂。

气候条件极其恶劣。雅康高速穿越不同的气候垂直分布带，早晚温差可达15 ℃。

生态环境极其脆弱。紧邻大熊猫栖息地自然保护区，穿越省级珍稀鱼类保护区，工程建设的环境保护、水土保持任务异常艰巨。

（原文刊载于《气象知识》2019年第2期）

谈天说地
TANTIAN SHUODI

气候——塑造人类的艺术家

文 / 王金宝

人的容貌身材、性格和行为，虽说是与先天因素有关，但并非完全能由人类自己主宰，这个"权力"有时还握在大自然气候的手心！

气候对人类外貌的影响

人类皮肤的颜色包括黄色、黑色、白色和棕色等。大气中的各种物理参数，诸如气温、气压、湿度以及日照、降水等是影响人类形成不同肤色特征的重要因素。

在欧亚大陆，可以明显地看出，越往南走，人的皮肤颜色越深。生活在赤道附近的人，由于光照强烈，气温又高，人的皮肤颜色是黑黝黝的，大多为黑色人种。黑色人种有着抵御非洲酷热气候的"面目"：他们脖子短、体型大多前屈，就头型而言，其脑骨容量为1297立方厘米，头明显偏小、头形前后长，而鼻子较阔，呈"塌鼻子"，这种长相有利于散发体内的热量。有趣的是，非洲黑人几乎都是卷发，每一卷发周围被留有很多空隙，当炽热的阳光向头顶辐射时，这种卷发恰似一顶凉帽。另外，他们手掌和脚掌的汗腺在每一单位面积中的数量比白色、黄色人种多，而且汗腺也粗得多，这就更有利于排汗散热。

在寒带、温带的高纬度地区，常年太阳不能直射，光照强度较弱，气温很低，严寒期又长，这里大多为白色人种。白色人种皮肤白、头发黄、眼睛蓝，与阳光照射微弱的环境相适应。白色人种为了抵御严寒，往往有一个比住在湿热地区的人更钩的鼻子，他们鼻梁高、鼻道长、鼻孔细小、鼻尖下呈爪状，体毛发达，均与那里的气候有关。因为空气经过长长的鼻道后，干冷的空气可以得到缓冲，变得较为暖湿，不会使冷而干的空气一

谈天说地

下子冲进去伤害呼吸道。体毛发达，则起着保暖作用。就头型而言，寒带和温带居民的脑骨容量为1386立方厘米，他们头大，头型圆，脸部比较平，这很有利于保温。

黄色人种的容貌则介于两者之间，主要分布在气候温和的亚洲。我国人口中的绝大多数属于黄色人种。然而，我国国土辽阔，气候各异，人的身材也就大不一样。总的来看，人的身高高纬高于低纬、牧区高于农区、城市高于农村。高纬度地区终年寒冷，人体新陈代谢慢、生长期长，较多地积累了物质和能量，故身材高大。高大的身材单位体积对应的表面积小，散热少，利于抵御风寒。低纬度地区的人身材矮小，则与上述原因相反。另一方面，北方人和南方人的身高差异，还与日照时数有极大关系。比如，北京的年日照时数为2778.7小时，身高发育正常；武汉年日照时数为2085.3小时，身高发育次之；广州年日照时数为1945.3小时，身高发育又次之；成都年日照时数最少，仅为1239.3小时，所以身高发育更次之。四川省男子平均身高居全国倒数第二，女子倒数第三，这与四川省年日照时数仅为826.6小时有直接关系。

气候"塑造"了女人的美丽

在古今文学作品中，那些天生丽质、丰采动人的女子常出于山清水秀之地，并非完全是作者的随意描绘。秀美的自然风光，独特的水土环境，湿润的天气气候的确能使人灵秀。

我国古代四大美人之一的王昭君就生长于山清水秀的香溪崖边村寨。唐代曾与杨贵妃争宠的梅妃，生长于临江濒海、潮音悦耳、碧流如织的福建莆田江东村，其有碑文曰："其地绿野连绵，碧水环绕，秀气所钟，江妃毓焉？"被誉为天堂的杭州，不仅以风光秀丽著名，而且多美丽女子也是非常闻名的。杭州临湖靠海，气候湿热，人们多以鱼类、青菜和大米为食物。体内很少摄入大热量的高蛋白和高脂肪。杭州又是龙井茶的故乡，人们大多有饮茶的习惯，炎热的夏季又使她们终日挥汗如雨。这样，茶的进入和汗的流出消耗了她们体内多余的脂肪，使得女子大多有苗条的身段。临海靠湖环境使得大气中水汽多，故杭州一年中有一半时间被雨雾占据着，人们接受紫外线照射的机会很少，因此这里女子的皮肤出奇的白。这里花木成荫，湿度又大，且无风沙之患，女人的皮肤又是出奇的嫩。历史上中国四大美女之一的西施便出生在与杭州气候环境一样的杭州城南不远的诸暨市。

有趣的是，在英国曾有学者绘制过美女图，并对美女出生的地域进行了研究。研究结果认为，伦敦一带的女子最漂亮，阿伯丁一带最差，苏格兰一带介于两者之间。这种差异与地理环境中的气候、水土是有很大关系的。

气候左右人的性格

自然气候使地球上不同区域形成了不同的人种，也使不同区域的人们形成了不同的性格。

生活在热带地区的人，为了躲避酷暑，在室外活动的时间比较多。气温高，使生活在那里的人性情易暴躁和发怒。

居住在寒冷地带的人，因为室外活动不多，大部分时间在一个不太大的空间里与别人朝夕相处，养成了能控制自己的情绪，具有较强的耐心和忍耐力的性格。比如生活在北极圈内的因纽特人，被人们称为世界上"永不发怒的人"。

居住在温暖宜人水乡的人们，因为水网海滨气候湿润，风景秀丽，人们对周围事物敏感，且多情善感，机智敏捷。

山区居民，因为山高地广，人烟稀少，开门见山，长久生活在这种环境中，便养成了说话声音洪亮、诚实直爽的性格。

居住在广阔的草原上的牧民，因为草原茫茫，交通不便，气候恶劣，风沙很大，所以，他们常常骑马奔驰，尽情地舒展自己，性格变得豪放直爽，热情好客。

谈天说地

生活在城市中的人们，高楼大厦林立，工矿企业众多，所以形成了城市"热岛效应"，温度高，降水少，空气不清新畅通，这种憋闷的气候使城市人形成了孤僻的性格。人们常常闭关自守，万事不求人。即使同楼居住多年，也素不相识，老死不相往来。

气候影响人的行为

生物气象学家指出，人的行为不仅受大脑的支配，还受气候条件的影响。这是因为气候变化打破了空气中离子的平衡，使人的身体与精神反应受到影响，从而使人的行为也随着改变。

目前，已经知道有些气象条件如风会改变离子平衡，像欧洲中部佛恩风或南加利福尼亚的桑塔安那风等。干热风从临近的山上吹下来产生摩擦，这就破坏了很多的负离子。空气中正离子过多，会使人变得紧张、急躁、心烦意乱，甚至容易发火，很可能发生事故和犯罪。

在南加利福尼亚刮起桑塔安那风时，车祸事故剧增。瑞士警方报告，在刮起佛恩风时，抢劫案件时有发生。在意大利西西里岛的所有法庭，至今尚遵行这样的陈规：对发生在西洛可风季节的犯罪行为，应从轻发落，因为灼热的西洛可风往往使人头晕目眩，丧失理智。

美国的研究人员还发现，气温升高，攻击行为和暴力犯罪增加；天气阴沉，淫雨霏霏，会使人情绪低落，犯罪率降低；云量递增，盗窃行为和攻击行为也随之增加；气压降低，常常使人焦躁不安，自杀事件增多；等等。

不过，气候究竟怎样起作用影响人的行为的？目前还是个未解之谜。

（原文刊载于《气象知识》1996年第2期）

我们的太阳

文 / 李元

解题：为何说"我们的太阳"？难道还有你们的太阳，他们的太阳吗？是的，是这样的。天上的太阳很多很多，它们很远很远，只有我们的这个太阳比它们都近，所以属于我们。这里的"我们"指地球上的居民（包括各种动植物等）。再扩大些指太阳系的各种天体（行星、卫星、彗星、流星体等）。别的太阳就是那些闪烁在夜空中的恒星，它们有千百万个以上，组成了我们的银河系。在别的太阳周围也正好会有别的行星系，所以那些太阳是他们的太阳，和我们的关系很"冷淡"，只有我们的太阳对地球对人类关系"热烈"。太阳是我们的母星，大约在50亿年前，在它周围的物质，逐渐形成了太阳系，地球是其中的一个行星。

太阳：巨大无比

太阳的直径约140万千米，是地球直径的109倍，因此它的体积为地球的130万倍。好比要有130万桶地球大小的水桶才能装满太阳大的水缸。太阳虽然巨大无比，但又十分遥远，和地球的平均距离约11亿5千万千米（即一个天文单位，简写为A.U.），就是每小时1000千米的喷气飞机，去太阳也得十几年！幸亏是这样的距离才给了我们地球一个万物生长的安定的（指生命的生存）、稳定的（指地球能在公转轨道上稳定运行而不脱轨）自然环境。从太阳到地球，光要走8分19秒钟。

太阳：情深如"海"

太阳给我们无穷尽的热量，才能使地球上的万物生长繁衍，欣欣向

荣,世代相传,万世不绝。这并非太阳对地球情有独钟,把地球打扮得如花似锦。只因为当初太阳系形成时这第三个行星——地球正处在太阳系的生命圈内的最好位置。如离太阳再近

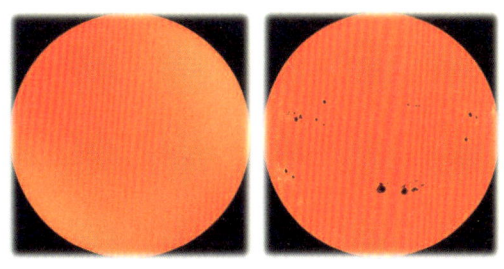

太阳活动低年(左)和高年(右)的光球照片
(在右图中可见大量黑子)

一些,正好太热;再远一些又太冷。我们和太阳的距离不远不近,恰到好处,所以才有了生命的诞生。太阳的光热给地球的只是它总量的20亿分之一,已经使我们受用不尽,当然情深如"海"!

太阳:寸步难行

太阳那么巨大,而且又"重"得出奇。它的质量约为地球的34万倍!如果有一个大的天平,一边是太阳,另一边是地球,那就需要34万个地球才能和它摆平。太阳的表面重力是地球的27倍,一个人在地球上的体重如果是100千克,他正好有魁梧的身体有极大的力气,假如到了太阳上,体重就会是2700千克,约2吨半还多,他哪里能拉得动上百千克的双脚,简直是寸步难行。

太阳:火浪滔天

假如你能到太阳上去看看,那里准是火浪滔天,热涛翻滚。还是借俄国科学家罗蒙诺索夫在200多年前写的那首名诗来看看太阳吧:

"假如人们能飞上天空,
接近太阳并向它张望;
那时会在人们面前出现,

161

永远燃烧着的海洋。

那里一望无边，起伏着烈火般的波涛。

那里的火焰像旋风一样旋转，

千百年也不休止。

那里的岩石像水一样沸腾，

在那里能听到暴风雨般的吼声。"

虽然诗句浪漫动人，但是太阳上的"火浪"比地球上的台风还猛烈千百万倍！太阳表面温度近6000 ℃，中心温度达1500万 ℃。如果我们的地球"不幸"掉到太阳上，好比一粒芝麻落入炼钢炉中。

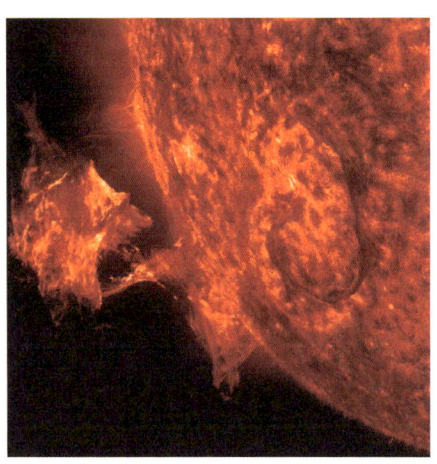
日冕物质抛射

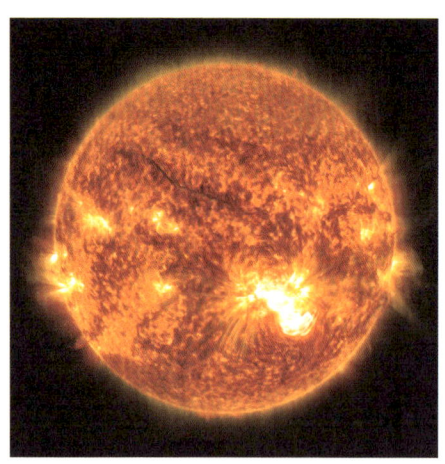
太阳耀斑

太阳：寿比南山

光辉的太阳以它无限的光和热已经照射了上亿年，它为什么明亮？为什么火热？它是燃烧什么物质来维持这么大的一个"锅炉"？几百年来对太阳的研究认为，太阳和恒星一样是自己发光发热的星球。从太阳诞生到太阳系的诞生，太阳已经度过了50多亿年的历程。任何一般燃料石油、煤炭、可燃气体等都无法维持它几十亿年的火热生命，只有在太阳中心进行的热

谈天说地

核聚变（4个氢原子合成一个氦原煤时释放出能量）才是它能量的无尽源泉。据计算认为太阳还能光辉照耀50多亿年。这不就是"寿比南山"吗？

太阳的光和热我们目前还没有充分利用，所以充分利用太阳能是人类最重要的可持续发展和能源战略。

太阳和我们的密切关系还表现在太阳上的活动直接影响地球。太阳带电粒子流（太阳风）冲向地球磁场，便产生了绚丽的极光，同时带来电信干扰，甚至破坏供电系统。太阳辐射对地球最显著的影响就是天气的变化，太阳固然造福人类，但有时也会带来灾难。总之，太阳与地球的关系太密切了，许多太阳活动的规律还没有被充分掌握，对太阳的观测和研究是天文学、地球物理学、气象学的重要项目之一，有待更多学科的综合研究。

阴天和晴天、太阳的出没、烈日的照射和温暖的阳光都对人产生了不同的效果与心情。让我们用一首赞美太阳的小诗，接受太阳的致意吧，这是我译自诗人巴徒莱尔的作品《来自太阳的致意》：

你看早晨的太阳多么美丽，

正沿着山冈缓缓地升起。

请珍惜这美好的一天吧，

它从无限的光辉中向你致意。

（原文刊载于《气象知识》2005年第4期）

探空气球的自白

文 / 范秀平　雷国文　李国英

我是气球，但不是普通的气球，我的大名叫探空气球。

我的主要工作是去高空旅行，去那里帮助人们了解天空的气象状况。这是我一生做的最重要的事情。当然，这也是我生前必须要完成的一项光荣而伟大的使命。要知道，只有这件事可以体现我的价值所在，而且，也不是每个探空气球都有这么幸运的机会。

出发前，我们先要进行例行体检，身体的好坏直接决定着我们旅游行程的远近。人们把我从仓库里拿出来，打开外面包装着的塑料袋，仔细查看我的周身，再带我到储氢室，充灌一些氢气。看我能够直立起来了，就要检查我身体的各个部位是否漏气，如果这时我已经开始"泄气"，那完了，旅行的事情就完全泡汤了。

如果我表现很好，完全通过了体检，那我在旅行前就可以饱餐一顿了。当然，我只吃氢气。这是我临行之前的最后一顿饭，我要吃得饱饱的。人们用一根密实的管子把氢气瓶的出口阀与一个平衡器连接起来，然后把我的嘴巴紧紧地套在平衡器上。可别小看这个叫"平衡器"的东西，它决定着我最多可以吃多少饭。因为在我出发之前，人们已经根据我的体重、旅行时所有随身装备的质量以及保障我在旅行时达到每分钟上升大约400米的高度计算好了我的饭量。我的肚子渐渐鼓起来了，越变越大，越变越大。噢，我感觉我的力气也在逐渐增大，我都可以把平衡器提起来了，这就表明我现在的体重符合要求了。这时，人们迅即关闭了氢气瓶的阀门，将我的嘴巴从平衡器上取下来，并用绳子很牢靠地扎系紧。

现在，我就要出发了。不过，我还要邀请我的好朋友——探空仪，和我一起去旅行，没有它，我的旅行将毫无意义。它的外形是长方体的，里面有许多电子元件。别看我的朋友长得不怎么显眼，本事可大着呢。我们

谈天说地

放飞探空气球

在旅行途中,温度是高还是低、风是大还是小、水汽是多还是少,全靠它的身体来感知,人们正是通过探空仪的这项本领来了解高空的气象状况。所以说,我们旅行的重要使命可都是由它来完成的呢。但是,没有我,它也无法飞上天。我俩可是高空探测的"最佳搭档"。

当然,它在出发前也要进行体检。因为它的身体构造比我复杂,体检过程当然要麻烦一些。人们在我们出发前大约半小时就把它放在一个叫作"基测箱"的地方,检测它显示基测箱内温度、湿度、气压等各项指标是否在正常的差值范围内,如果在这个范围内,那就说明它体检合格,我们可以相伴去天空遨游了!

在探空值班室外的放球场地上,检验合格的探空仪和我被拴在同一根绳子上,一并暂时挂在放球器的铁栓上,随时准备起飞。当然,如果我们所处的探空站离飞机场比较近的话,我们在出发之前可一定得跟人家打个招呼,以免人家把我们当作"UFO"。虽然和探空仪相距30米,但我很高

165

兴马上就可以带它去自由飞翔了。放球时间到！只要值班室的工作人员一按办公桌上的"放球"按钮，我们便离开放球器，一同飞上蓝天。

越过树木，越过高楼，我们在空中自由地飞！绿地红花在我们的脚下，高山河流在我们的脚下，我们在空中自由地舞蹈。

但我们的使命却远远不是飞行这么简单。从离开放球器的那一瞬间起，就有一个"管家婆"死死地盯着我们，那就是雷达。虽然我们可以自由飞行，但却时时处处被人监视。我不断地向上飞，探空仪测得的所处位置的温度、湿度、气压、风向、风速等也在不断地变化。而雷达就把这些秘密全告诉给了在探空值班室里的工作人员。值班室内的电脑屏幕上，显示着我们此次旅行所经过的任何一点的轨迹。

我们穿越云层，感受水滴、冰晶的爱抚；我们穿越风区，让风考验我们的毅力与智慧。我们时而扶摇直上，时而水平飘移，我们在旅行中感受着超越极限的快感。向上，再向上！我们飞越了1万米、2万米，甚至3万米，我们每隔1.2秒就把高空测得的气象要素数据反馈回去。我们采集到的数据越多，人们了解到的高空气象状况也就越详细。人们将我们采集到的高空气象要素数据一一添加在天气预报图上，根据这些要素就能判断出未来的天气状况或者重大天气过程，如台风、寒潮、降雨等天气过程的生成和发展趋势。有了这些预报，就可以提前告诉大家，早做准备，以防发生灾害。这就是我们工作的重大意义所在。

以前，我的兄弟们很调皮，经常带着探空仪跟人们玩"躲猫猫"的游戏。因为早些年，人们在施放探空气球时还是人工操作，尤其是遇到大风或大雾天气时，由于人工跟踪时间长，感觉上产生失误，很容易错误地将雷达接收到的旁瓣信号作为主波瓣信号，这样，我的兄弟和探空仪就很轻易地溜掉了。由于跟踪时间缩短，当然就会丢失一部分气象探测资料。现在，聪明的人们不断地对气象观测仪器进行更新换代，整个探空观测过程都实现了自动化，我们想溜，就没那么容易了。

谈天说地

    我的生命很短暂。随着高度的不断上升,周围空气越来越稀薄,气压不断减小,温度持续降低,我感到越来越闷、越来越闷。我终于支撑不住了,"啪"的一声,破裂了!我似乎看到雷达透过长空含着惋惜与祝福的眼眸,但我已经尽力了。我的残骸将与探空仪一起顺着气流方向自由下落、下落。我感谢我的朋友探空仪和我同生共死,我们一起创造了这一伟大壮举,无怨无悔!

    噢,请你不用担心我们会在下落过程中不幸砸到你的头上,因为我们落地地点大多在人烟稀少的郊区野外,而且探空仪的体重还不到400克,即使与你亲密接触,我想,你的恐惧感也会被好奇心所代替,把我们捧在手上好好研究半天吧。虽然我已支离破碎,但我可不是一只普通的气球,我曾飞越3万米高空,带着我的朋友长途旅行过!

    一年365天,不论寒冬酷暑、刮风下雨,全国各地的探空站都会有我的兄弟们定点、定时起飞,带着我们的朋友——探空仪一起去获取不同高度的气象资料。它们大多会飞行70~100分钟,有的甚至会飞行更长时间,将收集到的不同高度的气象资料用于服务人们的天气预报。有位预报员说,如果没有高空气象资料,就像人缺少了一只眼睛,预报员做出的天气预报将是片面的,准确率将大打折扣。由此可见,我们旅行的意义非同一般,我们可是功不可没的大功臣呢!

(原文刊载于《气象知识》2011年第2期)

即将消逝的低碳民居——地窨子

文 / 兰博文　张雪梅

有人说建筑是凝固的音乐，无处不散发着迷人的气息。作为气象工作者，我们无意中发现那些独具特色的建筑身上多少都留下了人类适应气候变化的足音，你看造型圆润的蒙古包有效地降低风阻系数，犹如蘑菇般点缀在天似穹庐的草原上；你看川渝湘鄂江边的吊脚楼，半悬江面打造出冬暖夏凉的自然空调；半脸灰尘半脸沙的山陕高原，风尘中粗犷的窑洞营造出应有的宁静与安详。白山黑水间也有一种适宜在异常严寒气候下生存的简陋民居——地窨子。这种最为原始的居住方式并不意味着落后，恰恰相反，在它身上体现了很多人与自然和谐统一的设计理念与建造思想。

地窨子展示了人类适应自然环境的设计才华

白山黑水间广袤的土地是人们俗称的北大荒，这里物产丰富但天气严寒，"胡天八月即飞雪"的冬季气温常在 -20 ℃，极端最低气温达 -45 ℃ 以下，积雪厚度常达 1～2 米，刮起的"白毛风"（大风夹杂着雪粒）时

建在山坡上的地窨子

木格楞

谈天说地

常遮天蔽日，冰冻三尺的严冬长达四五个月之久。在没有现代化供暖设施的古代，"夏则巢居、冬则穴处"成为这里渔猎民族的生存哲学，而这个"穴处"的居住形式在东北民间俗称"地窨子"。

地窨子多选址在南面向阳坡地，这种设计是为了保证有充足的阳光照射，对居所起到杀菌、保温、照明的作用。多为半在地上半在地下，冬季雪后屋顶上就覆盖上厚厚的雪被，起到很好的防寒保温作用，即使屋子冬季不取暖也能保持在0 ℃以上。地窨子一般建造在山坳与河流小溪附近，这样既能有效地避免暴风雪的袭击，又可就近取水、便于生活。加之建造方便、成本低廉、保暖性能好，很适合游牧民族和拓荒者使用；地窨子低矮错落、方便易用、雪后极容易与环境融为一体，常成为淘金者、赶山人的住地，抗日战争时期还一度成为抗联战士的密营与隐蔽的场所，在东北是与"木格楞"齐名的居住方式。

地窨子体现了人类降低房屋造价的调控理念

地窨子不能说"建"，更准确地说应该是"挖"，因为它东、北、西三面多半在地下。一般情况是在选好的坡地挖深近2米的长方形深坑，日晒或拢起火堆把坑内的潮气熏干，在地上和墙上粉刷防潮的石灰。然后在坑内架柱铺椽，柱子高出地面半米左右，椽子直插坑壁或搭在南面或东南角的门窗之上，房顶细密地铺上秸秆或苫房草，再用半尺多厚的土夯培填上，地面搭上火炕或架上木板，房顶四周围上低矮的土墙或木栅栏，距离后房檐半米远处再挖条排水沟，一座典型的地窨子就算大功告成了。大多数地窨子的后墙几乎都是与地面平齐的，这就是东北人常说的"抬腿迈房顶"。

古代北方最牢固的建筑是城墙，皇帝的居所也不过就是大的四合院。东北不比江南，冬能御寒、夏可避暑的建筑要付出高昂的建筑成本，能支付起深宅大院造价的人少之又少，这或许就是东北此类建筑遗存较少的原因所在。地窨子的建筑材料主要为泥土和秸秆，便于就地取材；三面利用自然山坡作围墙，省时省料；建筑方式为人工挖掘和土坯夯实，建房技术水平要求不高；面南背北的半地穴式，冬暖夏凉，适宜防寒保温。作为东北典型借助自然环境降低制造成本的经济型民居，简陋、低廉的特点成为平民百姓必然的选择，在东北延续长达千年之久，到民国时期乃至20世纪五六十年代仍常见它的身影。

地窨子采取了人类降低能源消耗的有效措施

上海世博会有个"零碳馆"，通过各种先进的科技手段实现了建筑的节能环保，其实，低碳建筑并不一定只有高科技才能做到，简陋的地窨子也是符合人类倡导的低碳、节能、环保理念，适应自然、改造自然的高手。

先聊聊独特的采光与通风。地窨子坐北朝南，北面以山坡作墙、一面通风。这有利于太阳光的利用，避免大的暴风雪袭击将屋里的暖空气带走。窗户多纸质的，正如东北"三大怪"所说"窗户纸糊在外"，有效防止冬季冷风透过窗户缝隙进入室内；开窗取光、关窗留影，这种天然的百叶窗适度调节采光与遮阳，很好地解决了夏季强光抬高室温的弊端，并随时随地都可修补维护。自然的山坡作为山墙有很多细缝和空隙，房顶为秸秆和泥土的混合物，形成了一座可以与外界进行适度呼吸的房子，有效解决了地窨子不是南北通透造成的空气流通较差的问题，并起到很好的过滤作用，有利于吸纳空气中的灰尘和细菌。

再侃侃自然天成的空调"土瓦"（满语，意为万字炕）。《宁古塔纪略》载："屋内南、西、北接绕三炕，炕上用芦席，席上铺大红毡，……靠东边间以板壁隔断，有南北二炕，有南窗即为内房矣。无椅杌，有炕桌，俱盘膝坐。""穿土为床，温火其下"的火炕在东北可不只夜晚就寝那样简单，还承担着每日三餐乃至待客、读书、宴饮等多种功能，"盘腿上炕"是典型的东北习俗。万字炕为南北对起的通炕，西侧有窄炕形成通道相连，构成了"兀"型，也有把地面、西侧墙面也修成烟道的，俗称

"地炕""火墙"。供热从做饭的锅灶起经南、西、北环绕整个屋子,形成天然地热与暖气。关东"十大怪"的其中一怪是"呼兰(烟囱)立在山墙外",地面上出的烟囱和曲折低回的线路有效地增加了供热面积和热量停留时间。夏季这个神奇的互联互通的"土瓦"又成了高效制冷的中央空调,将地下的清凉向外逐步传递,这就是地窨子冬暖夏凉最大的秘诀。

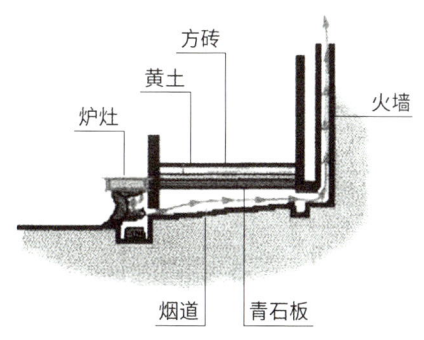

地窨子通过自然的方式降低能源消耗的方法还有很多,比如房前挖出大院庭以便多纳阳光、东侧开门口袋房使屋内相互连通放大使用面积、房顶低矮平缓巧用积雪防寒保温、单面起坡有效降低被暴风雪袭击的概率、三面以地为墙大量减少建筑材料使用、室内挖窨形成冬冻夏藏天然冰箱,等等。

地窨子蕴含了人们征服自然的愿望和不屈不挠的斗争精神

地窨子完全有理由申报中国非物质文化遗产,因为它的存在使得人类在农耕游牧文明时期得以在白山黑水的蛮荒之地栖息,也正是这种在艰难困苦中的生存能力,为中华民族注入了更多的坚韧、刚强与不屈。

在近代史上,一拨儿一拨儿的东北流人发配边陲,一批批京旗返乡巩固龙兴之地,淘金、赶山(挖参)、种地、伐木、挖煤等大批闯关东的人不断出现,地窨子便在长白山、大小兴安岭的山谷溪流处扎下了根,也正是这密林深处随处可见的地窨子,为抗联战士提供了绝佳的栖息密营,为"火烤胸前暖、风吹背后寒"的转战与奔袭提供短暂的休憩与临时的隐蔽之地。20世纪五六十年代,在环境十分艰苦、物资十分匮乏、条件十分落后的情况下，在国家开发北大荒实施屯垦、开发大小兴安岭发展森工、开发大庆挖掘石油之时，地窨子作为最节省建筑材料、最经济舒适的一种建筑方式得到大面积推广。对有过"上山下乡""会战"经历的人来说，地窨子多少会勾起他们对过往的追忆。

随着城市化进程的加剧，地窨子作为最简陋的居住方式已退出历史舞台，即将消逝。难道几十年的发展，就将在困难时带给我们温暖与庇护的地窨子遗忘了吗？正是这半在地上、半在地下简陋的居所，养育了鲜卑、契丹、蒙古、女真（清）儿女，为中华民族注入了更多的坚韧与刚强；记录了闯关东的无畏、无奈、无悔与无惧，让我们至今还不时去追忆与思索那曾蹒跚走过的艰难往事；见证了抗联战士艰苦、艰难、艰辛、艰险的民族抗争，可歌可泣地翻过了近现代史上屈辱的殖民年代；也伴随新中国走过了"上山下乡"最为困苦的峥嵘岁月，造就了感天动地、改天换地的铁人精神和北大荒精神。

地窨子不但有历史文化价值，更具低碳的设计思想与环保的建造理念。2010年，黑龙江省五常市的农民研发出一种地窨子形式的蔬菜大棚，不但省煤节能降耗，而且降低生产成本，引起了黑龙江省政府的高度重视，并在全省进行推广。真希望能有一批睿智的人用现代化的科技手段构建一批有真正居住价值的现代地窨子，犹如四合院改造的会所、窑洞里的星级宾馆、吊脚楼里的民舍，让古老的生存智慧与价值理念通过现代科技手段得以延续并发扬光大，让地窨子在历史气息与人文追忆中焕发新的青春。

（原文刊载于《气象知识》2012年第1期）

谈天说地

关于南极臭氧空洞你应该知道的那些事

文 / 刘波

从20世纪90年代开始作为讨论热点的南极上空臭氧层空洞危机,到近几年成为焦点的近地面层臭氧污染,臭氧一直在扮演着一个吸引公众眼球的角色。作为大气中一种微量气体,为什么它能持续地引发公众的兴趣,臭氧到底是什么?它是如何形成的?它有哪些对人有益的属性?又有哪些有害的属性?高空臭氧和近地面臭氧具有相同的作用还是截然相反的作用?

臭氧到底是什么

空气中的氧,最基本的存在形式是氧原子(O),两个氧原子结合到一起就成了氧气(O_2),三个氧原子结合到一起就成了臭氧(O_3),所以臭氧并不是什么神秘或是特殊的东西,它就是氧的三种同素异形体之一,从存在形式上可以理解为氧气的不同形态,或是多了一个氧原子的氧气。

一般来讲,臭氧主要分布在对流层和平流层,在这两个不同的层面上,臭氧形成的机理有所不同,其造成的危害也有所差别。

平流层臭氧是如何形成的,它有什么重要作用

当大气中的氧气分子受到短波紫外线照射时,一部分氧气分子会分解为氧原子,氧原子的不稳定属性让它很容易与周围的分子发生反应,如与氢气(H_2)反应就生成了水(H_2O),与氧气(O_2)反应就生成了臭氧

（O_3）。当臭氧形成以后，由于其比重比氧气大（多了一个氧原子），因此会逐渐下降。在下降的过程中，由于温度不断升高（绝大多数情况下，气温随高度升高而降低，越接近地面温度越高），再加上长波辐射的作用，一部分臭氧（O_3）又重新还原为氧（O）和氧气（O_2）。在大气层中一定的高度（一般是20～25千米），氧气和臭氧会达到一个动态平衡，从而形成一个比较稳定的臭氧分布层，这一高度大气层中的臭氧含量约占高空大气层中臭氧含量的90%，而其他10%的臭氧分布在更高的25～50千米，我们一般把臭氧含量较高的20～50千米的大气层称为臭氧层。

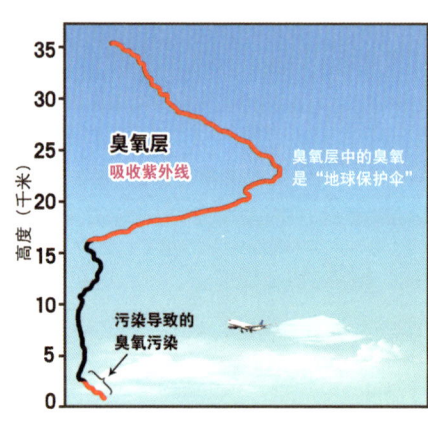

造成臭氧层空洞最主要的原因是氟氯碳化合物（CFCs，俗称氟利昂，空调制冷剂）和含溴化合物哈龙（Halons，灭火剂原料）与臭氧发生反应，破坏臭氧层。

人类释放的CFCs和Halons分子都比空气分子重，但由于这些物质在对流层是化学惰性和稳定的，基本无法通过化学反应消除，可以存在很长时间。在这段时间里，这些物质通过扩散，基本会在全球范围内的对流层达到一种均匀分布的状态，而对流层顶的高度各个地方并不相同，并且会随着纬度和季节的变化而发生变化。一般来讲，赤道附近最高（约18千米），两极附近最低（约8千米），在两者之间的副热带地区会产生不连续现象，从而形成对流层顶缺口。在这个缺口处，上下层的空气混合运动非常强烈，CFCs和Halons便会通过这种方式进入平流层，风又将它们从低纬度地区向高纬度地区输送，在平流层内混合均匀。平流层接收到强烈的紫外线照射使CFCs和Halons本来稳定的化学性质变得活跃，其分子会发生解离，从而释放出高活性的、原子态的氯和溴的自由基，它们很容易

与臭氧分子发生化学反应,从而破坏臭氧层。非常可怕的是,根据估算,一个氯原子自由基可以破坏$10^4 \sim 10^5$个臭氧分子,而一个溴原子自由基对臭氧分子的破坏能力是氯原子的30～60倍,而且两者同时存在时,其对臭氧分子的破坏力呈指数级增加。所以,即使进入大气中的CFCs和Halons量很少,也会对臭氧层产生巨大的破坏力。

太阳光中存在对生物生存有害的紫外线,而在一般情况下,作为地球的"保护伞"和"防护罩",平流层中的臭氧几乎吸收了所有对生物有害的紫外线,所以如果臭氧层被破坏,将会严重影响大气环境及人类和其他生物的生存。对人类来说,过度的阳光照射会引起皮肤病,过量的紫外线照射被认为是导致白内障的主要原因,免疫系统也会因为照射过多的紫外线而出现问题。紫外线的增强还会导致农作物减产,影响植物的光合作用等。

对流层臭氧是如何形成的,它有哪些危害

对流层臭氧和平流层臭氧的形成机理有所不同。在对流层中,人类活动排放的氮氧化合物(NO$_x$)、非甲烷总烃(NMHC,通常是指除甲烷以外的所有可挥发的碳氢化合物)和一氧化

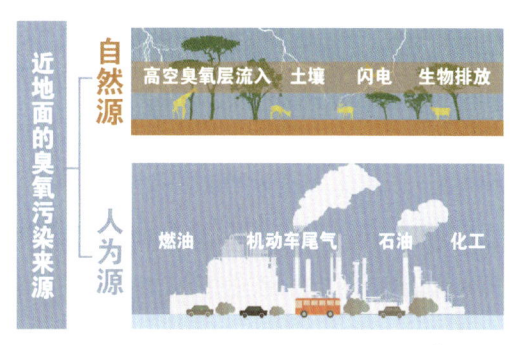

翟劲松/绘

碳(CO)等污染物,经光化学反应可以在低层大气中产生二次污染物臭氧(O$_3$),并进一步引发城市光化学的二次污染。随着工业的发展和人类活动的不断增强,氮氧化合物、非甲烷总烃和一氧化碳这些能够通过反应,在对流层中生成臭氧的物质的排放量会越来越多,从而导致对流层臭氧对人类环境和人体健康影响越来越大。

对流层臭氧对人体健康的影响主要体现在对呼吸道的强烈刺激,损害

肺功能，对有支气管疾病和哮喘的人尤其明显；暴露在一定浓度的臭氧环境下的植物叶片在很短的时间内就会出现点彩状和青铜色伤斑；臭氧对衣物、建筑材料等物质也会有破坏作用，如使纺织物褪色，加速橡胶和塑料的老化。

除了对人体和生物健康的威胁和影响外，臭氧作为对流层大气中非常重要的氧化剂之一，能够直接或间接地参与几乎所有的大气光化学过程，比如可以促进二氧化硫（SO_2）的氧化过程，从而间接地催生酸雨污染；比如可以促进细微颗粒物的生成和长大，造成气溶胶颗粒物污染等。

对平流层臭氧的保护和对流层臭氧的控制

平流层臭氧是地球生命的"保护伞"和"守护神"，我们要懂得保护它。1987年9月16日，在加拿大蒙特利尔召开的国际臭氧层保护大会上通过的《蒙特利尔议定书》，要求缔约国要限制使用氟氯化碳和其他耗竭臭氧的化学物质。1995年，联合国大会把每年的9月16日作为国际保护臭氧日。2007年9月召开的议定书第19次缔约方大会达成了"在2030年之前全球范围内彻底停止生产和使用主要消耗臭氧层物质"的协定，这对进一步保护对流层臭氧，避免造成更大范围的臭氧层空洞具有非常重要的现实意义。

相对于平流层臭氧的保护，对流层臭氧的控制也许更难。我国还处于经济迅猛发展阶段，能源的消耗仍将长期维持大幅度增加，这些都是可能引发平流层臭氧损耗和对流层光化学污染的潜在危险，尤其是对流层污染的加剧，会直接或间接造成区域光化学污染、霾天气、酸雨等一系列污染问题。

总之，加强对平流层臭氧的保护和对流层臭氧的控制，对于我们保护环境，建设生态文明城市都具有重要意义，需要全社会行动起来。

（原文刊载于《气象知识》2018年第2期）

气海拾贝
QIHAI SHIBEI

航空气象的今昔

文 / 刘春达

航空与航空气象是孪生兄弟

人类很早就产生了像鸟一样在空中自由飞翔的愿望。从15世纪末开始，就有人提出了各种各样的飞行设想，做过一些飞行尝试。其中著名的有意大利人达·芬奇，他多年注意观察鸟类的飞行动作，曾在1500年左右画过类似直升机的飞行机器图。达·芬奇在观察飞鸟的同时，也留心观察风的变化，因此，他也是一个敏锐的气象观测员。1783年，法国的蒙哥尔费兄弟最早实现了乘坐热气球飞行的愿望，后来发展成为氢气球飞行。通过气球飞行的实践，他们认识到地面和空中风向是不同的。在飞行中要保持气球的航向，就不能仅仅注意地面的风向。1896年8月9日，德国麦林塔尔驾驶滑翔机飞行时，在15米的高度上突然遇上了阵风，滑翔机坠毁。在这些早期的飞行实践中，人们就不可避免地与风和气流打上了交道。

1903年12月17日，在一个寒冷的早晨，美国的莱特兄弟在加罗林纳州基提霍克的斩魔山，成功驾驶着比空气重的飞行器飞上了天空，从此，人类开始了真正的航空活动。

莱特兄弟划时代的飞行一共四次，他们在飞行开始之前，用一个叶轮式平均风速表和一块秒表测量了地面风速，当时风速是8.8米/秒。这是世界上第一次航空气象观测。在空中，他们用同一个风速表测出空中飞行速度（飞机与气流的相对速度）约12米/秒。那时，人们还没有建立"空速"这个概念，莱特兄弟用"通过空气时的平均速度"来表示飞机在空中的飞行速度。第四次飞行时间最长，是59秒。由于遇上了强风，飞过的距离只有175米。在四次飞行中，这是飞行距离最长的一次。莱特兄弟是最早感受到空速、风速与地速之间的关系的航空工程师和飞行员兼气象观测员，尽管当时他们还不能真正认识到这些问题。

气海拾贝

风,是飞机飞行最先遇到的航空气象问题。在航空活动的初期,除了风以外,大气乱流开始受到飞行人员和气象学家的关心。1912年,英国人布利维尔乘坐气球在雷雨附近遇到了强烈的垂直气流,几乎送了性命。有的飞机在晴朗的天空飞行,有时也会出现突然掉高度的现象,那时,人们还不知道空气的垂直运动,遇到这种现象认为是飞机跌入了"空气的洞穴"。1914年,美国气象学家汉弗莱还专门作过一些关于"空气的洞穴"的报告,并利用风洞作过多次气流扰动试验。后来,在1915年,美国气象局的一个官员,乘坐一架双翼螺旋桨飞机,考察了圣迭戈附近洛姆角上空的晴空乱流。那里是一个狭长的半岛,岛上丘陵起伏,最高的山丘为150米,他发现飞机飞越山顶时,遇到一股向上的气流,造成的空气波动直达1200米高度。可以说这是人类最早的对山区地形波的调查研究。

飞机在空气中运动,离不开气流的影响。早期飞行活动遇到的这些现象,说明航空与航空气象就像孪生兄弟,同时闯入了人类的认识领域,一同发展、成长。

两次世界大战是航空气象发展的推进剂

恩格斯说过:"社会上一旦有技术上的需要,则这种需要就会比十所大学更能把科学推向前进。"两次世界大战,特别是第二次世界大战,对航空事业的发展起了巨大的推动作用,也推进了航空气象的发展。

飞机诞生不久,发生了第一次世界大战,在战争中,飞机逐渐成为重要的作战武器和运输工具。那时飞机的性能比较简单,飞行速度只有80公里/小时左右,最高只能飞到3000米,并且只能在简单气象条件下飞行,一切都要靠飞行员的眼睛。由于飞行速度慢,飞机重量轻,受风的影响较大,在低云、大雾等恶劣条件下是不可能飞行的。飞机参加战斗活动一开始主要是在好天气情况下执行侦察任务。最初的空战是发生在交战双方的侦察飞机之间。到1916年以后,开始有用飞机掩护地面部队的战斗活动。第一次世界大战以后，一些国家利用退役的军用飞机开展运输和邮递服务。到了20世纪20年代后期，民用运输航空活动已经具有了一定的规模。当时航空比较发达的法国，到1928年末已经拥有5个航空港和20个降落场。最早的机场，除了跑道之外，还有五个飞行保障单位：飞机库、油库、修理厂、无线电台和气象台。这说明对于航空来说，气象从一开始就是不可缺少的。

在那时，有航空活动的国家，除了机场气象台以外，气象机构开始为航空提供天气预报，从而开始了航空气象服务。气象台和观测站都为航空进行地面气象观测，所用的仪器有：温度表、气压表、风向风速仪、雨量器加上人的眼睛。空中气象观测由于没有相应的气象仪器，只能做一些次数有限的风筝气象观测和测风气球观测。气象情报的传递用有线电报和无线电报，有的还用信鸽。

1926年，飞机携带邮件及重要物品的航空运输首先在美国出现。1927年4月6日，一架从华盛顿州的帕斯科飞往爱达荷州博伊西的运送邮件和货物的飞机，飞行员首次利用了航线天气资料。当时，美国在旧金山和洛杉矶之间建立了航线，著名气象学家罗斯贝，负责这条航线的天气服务工作。1927年8月，飞行家C.A.林白成功地进行了人类首次从美国横越大西洋到达法国巴黎的飞行。罗斯贝为这次飞行制作了正确的航线天气预报，也是飞行取得成功的重要原因之一。从此，航空活动进一步认识到气象的重要作用，美国国家气象局开始在各地成立了航空气象机构。到了20世纪30年代，随着航空事业的进一步发展，航空气象服务也有了很大的改进。地面气象观测站增多了，云幕灯开始被用来进行日夜探测云底高度，高空风观测站也增多了，特别是1927年发明了无线电探空仪并首次进行有效高空探测，解决了空中气象要素的探测问题，成为推动航空气象发展的一项重要技术手段。在天气预报方面，J.皮叶克尼斯的极锋学说开始被航空气象预报人员普遍采用。然而那时的航空天气预报还很粗略。在1932年，印度的航空气象部门提供的天气预报有效时间只有18个小时，一份航空天气

气海拾贝

预报包括：特殊天气现象（如雷雨、风沙等）；云量和3000米以下的云底高度；按轻度、中度分级的风；用八方位表示的3000米以下的高空风以及用良、佳、差、劣来划分的能见度。经过10年的航空气象实践，在1937年，美国的气象学家H. R. 拜尔斯写出了第一本关于航空气象学的书籍。从此，航空气象学成为应用气象学的一个分支进入了气象科学的领域。

在第二次世界大战期间，飞机的飞行高度已经可以达到6000米左右，飞行速度达到400公里／小时，轰炸机的航程增到5000公里。航空仪表的改进，机上无线电设备的增加，使飞机能在复杂气象条件下飞行，因而在空中遇到的气象问题也增加了。1940年，德国空军对英国进行战略轰炸，伦敦的大雾和航线上的坏天气对轰炸机的活动造成很大的困难。雾直接影响目视轰炸的准确度，而航线上的强风和密云经常使护航战斗机不能按时与轰炸机会合，不少轰炸机被英国击落。在为时六周的昼夜轰炸中，德国损失的轰炸机占出动架数的30％～35％，迫使德国停止了昼间轰炸。到了1943年，英国飞机上开始装上早期的自动驾驶仪和简易的雷达瞄准具，可以穿过云层，在云上飞行，对地面目标进行地毯式轰炸。而德国战斗机到云上拦截英国飞机，在穿云时，座舱玻璃结了冰，影响了视线，看不清攻击目标，又不能有效地进行自卫，结果被击落很多。当时，雾、云层和空中结冰成为影响飞行的突出问题。气象学家们为了解决这些问题所作出的努力，促进了航空气象的发展。

1944年以后，在太平洋战争的后期，美国占领了马利亚纳群岛，利用B-29型飞机从提尼安岛上的基地起飞，轰炸东京。在西太平洋上空8000米左右的高空经常遇到强烈的偏西风，飞机以富士山为地标向东京飞，往往偏航很大，最远的曾经偏到北海道附近，难以建立轰炸航线。飞行员发现的这一现象，后来称为西风急流，对于研究大气环流的机制有着十分重要的意义。不久以后，飞行员就学会了利用这个强风带，从上风方向进入，投弹后，借助于强西风迅速脱离，提高了轰炸的效果。

由于军事活动的需要，航空气象得到了很大的发展。战后，地面、高空气象观测网迅速扩大，无线电探空仪、电子探空仪和无线电定向测风仪以及测风雷达相继出现，使人们可以不分昼夜晴阴获得15公里高度以下的空中气象资料，特别是测雨雷达作为探测降水和雷暴活动的有力工具加入了气象探测仪器的行列，及时为航空活动提供航站周围和航线天气，在航空气象科研和服务上发挥了重大的作用，成为推动航空气象发展的又一项重要技术措施。

在两次世界大战当中，随着航空活动的迅速发展，特别是作战活动遇到的各种气象问题，对航空气象科学提出了大量的科研课题。在对这些问题的探索和解决的过程中发展了探测技术，在大气数据不断增多的基础上，使人们对航空气象又有了新的认识，提出了一些预报方法。航空气象作为应用气象的一部分，逐渐形成了完整的体系。

喷气飞机和电子技术将航空气象带进了一个新时期

喷气推进技术经过了30年的孕育过程，终于在20世纪50年代使航空器发生了一次革命。喷气飞机虽然在第二次世界大战末期德国就制造出来了，但真正投入使用是从20世纪50年代初期朝鲜战争开始。1956年以后，民航事业也相继进入喷气飞机时代，飞行速度达800公里／小时，巡航高度可达12公里，航程也增加到接近10000公里，航空活动空间范围的扩展，又遇到了很多新的气象问题。

喷气飞机的起飞和着陆速度比螺旋桨飞机要快，需要有较长的跑道。供大型运输机和轰炸机起落的跑道长达4000米，在这样长的跑道上空，气象要素（温度、风和能见距离）的不均一性成为不可忽视的问题。依据气象台观测场上的观测数据是不行的，只用跑道附近某一点的观测数据也不能满足要求。大型喷气飞机的起落，受低空风切变的影响比螺旋桨飞机严重得多。这是因为大型喷气飞机自身重量较大，喷气发动机的工作特点与螺旋桨发动机不同，机翼的空气动力效应也不同，因此，飞机在遇到风切

气海拾贝

变升力突然变化的情况下，操纵飞机使之恢复正常飞行所花的时间较长，往往来不及把飞机拉起来就坠毁了。20世纪70年代以来，连续发生风切变使大型飞机坠毁事件，造成了严重损失，成为头等危险的气象问题。喷气飞机具有载重量大速度快的优点，但是耗油量巨大，如何利用高空气温与高空风以节省燃油也是一个十分重要的问题。由于飞行高度增高，机上又装有气象雷达，对航线上出现的雷雨天气可以避让，飞机积冰的威胁也有所减少，但在飞机起飞、着陆、爬高和下滑时，雷雨和积冰仍然是不可忽视的问题。在这个时期里，老的气象问题尚未完全解决，航空活动又遇到了新的障碍。从这里可以看出飞机性能的改善并不意味着对气象服务要求的降低，航空气象人员的责任丝毫没有减轻，而是更加重了。

在这个时期，整个科学技术领域里出现了很多重大的进展，航空气象也前进了一大步。首先，气象探测和气象资料加工能力大大提高，机场气象仪器更加完备，实现了遥测化。气象仪器可以设置在起飞着陆区域，测得的气象数据更加有代表性。云高测定仪、激光测云仪代替了云幕球、云幕灯，大气透明度仪在能见度较差的情况下代替目视观测，向飞行人员提供跑道能见距离，而且可以不分昼夜地工作。特别是20世纪70年代以后，探测器与微型计算机组合成机场气象要素自动化观测系统，为保障飞行安全提供了更加有效的手段。其次，电子计算机使人们能在较短时间内处理大量的气象数据，解算描述大气运动的数学物理方程组，并在大量的气象情报交换中，完成通信控制任务，成为发展航空气象的第三个有力的技术手段。最后，在天气预报方面，借助计算机，利用数值方法，客观定量地分析和预报天气，在航空气象方面得到了广泛的应用。美国空军全球天气中心除利用全球、半球模式进行大范围天气预报外，还利用细网络区域预报模式和边界层模式，以大范围天气形势预报为初始场，预报航线上各层高度的温度、风，据此制作航线天气预报和边界层以下的气温、湿度和风的预报，并用统计方法制作局地对流性天气预报和航站天气预报。同时利用数值模拟方法，研究低空风切变和晴空湍流对飞行活动的影响，确定影响飞行安全的临界值,供飞机设计和飞行训练使用。

由于空中交通量的迅速增加,在较大的国际机场平均1.5分钟就有一架飞机着陆或起飞,因此,要求提供气象情报的速度也相应地提高,促使航空气象服务向自动化方向发展。

总之,喷气飞机开始了飞行活动的空间范围,遇到了很多新的气象问题,对航空气象提出了更高的要求。客观上的需要成为航空气象发展的推动力。而以电子计算机为特征的微电子技术、遥感技术和空间技术的发展,又为航空气象的发展提供了强有力的技术手段,使得航空气象不论在探测、预报手段、情报传递、数据处理以及航空气象服务方面,都发生了巨大的变化,航空气象进入了一个以各种新技术综合运用为特点的新时代。

航空、航天技术的发展使航空气象面临新的挑战

在航空的领域里,人们一直在千方百计地争取更大的飞行自由。20世纪70年代以后,航空技术虽然有了迅速的发展,飞机飞得更快、更高,也更远了,人类在空中活动的自由度确实增大了不少,然而航空活动的实践却告诉我们,天气仍然是不可忽视的,千万不能因为航空技术水平的提高而忘记了它的孪生兄弟。国际民航组织对1988年发生的、有人员伤亡的飞行事故做了统计,其中,气象原因占28%,死亡636人,居第二位。这说明即使当前科学技术已经发展到了较高的水平,也仍然未能从根本上消除天气对飞行的影响,而这种影响正是造成重大飞行事故的原因之一。同时,飞机大型化的结果,特别是超音速运输机(SST)加入航线飞行,造成耗油量猛增。由于油价不断上涨,正确地利用气象条件,选择最佳航线,缩短飞行时间,减少燃油消耗,提高经济效益,就成为一个十分重要的新问题。世界上航空活动的规模发生了很大的变化,军用飞机的性能在继续不断地提高,商业性航空机群已变为主要由喷气飞机组成。由于飞行速度的提高,飞机要在较短的时间内通过较大的空间距离,需要迅速取得

气海拾贝

较大范围内的实时气象资料,并要求提高气象信息的获取和传输速度。空中交通量不断增大,为了减少飞行延误,保证飞行安全,要求提高对中、小尺度强对流天气的监测能力和预报能力。

近年来,以航天飞机问世为标志,在航空与航天两大领域之间出现了"对接",在一些技术问题上出现了"一体化"的趋势。这种"一体化"趋势使得航空气象在努力解决以上这些现存的问题之外,又面临着新的挑战。20世纪50年代末,苏联成功地发射了第一颗人造地球卫星,人类从此打开了通往空间的大门。航天活动虽然是航空活动在空间上的自然延伸,但是在早期,依赖于运载火箭将卫星送入轨道的航天飞行,与航空的关系并不十分密切。航空气象与航天气象也各自有着内容不同的气象问题。直到航天飞机出现以后,航空和航天,航空气象与航天气象才比较紧密地连接起来。航天飞机是来往于地面和空间轨道站之间的,能够多次使用的载人和运送物资、卫星的交通工具,自身也可以进行轨道飞行。航天飞机与运载火箭不同,它飞出大气层之后,还要返回地面。它是一种有翼的飞行器,与飞机有着类似的空气动力效应问题。航天飞机的飞行过程包括:借助于运载火箭的垂直起飞;进入轨道;轨道飞行;脱离轨道下降;重返大气层;滑翔飞行和着陆。它所经过的飞行环境比普通飞机所经过的要广阔得多也恶劣得多,对气象条件的要求也更加严格。航天飞机从返回大气层开始经过滑翔飞行到落地,属于航空飞行,除了机身必须能耐受再入大气层时的高温之外,在滑翔飞行和着陆时与大型运输机的气象条件相近,只是对云、能见度和风的要求较高。有一点不同的是,对于有翼的航天飞机来说,空气动力效应在100公里左右的高度上仍然存在。一般把空气动力效应对航天飞机起作用的最大高度称为"大气顶点"。"大气顶点"实际上是稀薄大气层与稠密大气层的过渡带,其高度不是固定不变的,而是受该处大气温度和密度的影响,处于不断变化的状态。航天飞机为了顺利地再入大气层,就需要了解"大气顶点"的高度,以便控制航天飞机上的反推火箭的点火时间,使航天飞机及时减速,避免自身在进入稠密大气层时被摩擦热烧毁，同时顺利地转入滑翔飞行。目前正在研制的可以从地面直接飞上空间轨道的空天飞机，更加能体现航空、航天一体化的特点。空天飞机不用运载火箭助推，进行跨越大气层的飞行直接进入轨道，在飞机上装有两套功能不同的发动机，一台发动机用于稠密大气层中的飞行，另一台用于稀薄大气层中飞行。这两台发动机的转换工作高度也要根据"大气顶点"的变化来确定。航天飞机飞行需要解决的气象问题，以及保障航天飞机顺利完成飞行任务的气象服务，是航空气象面临的新课题，目前还刚刚起步，前面还有空天飞机飞行需要解决的气象问题。而要解决这些问题，还需要从技术手段上，科学试验和理论研究方面进行艰苦的努力。

回顾航空气象学的发展历程，从萌生到壮大，虽然已经走过了80多年，但在科学技术发展的历史长河中，只是一个瞬间。航空科学、航天科学是必然要继续发展的。对于航空气象学来说，不论是努力解决现存的问题，还是勇敢地接受新的挑战，也必然要遵循历史发展的规律，去迎接光辉灿烂的明天！

（原文刊载于《气象知识》1989年第4～6期）

气海拾贝

体育运动实践中的气象问题

文 / 吴高任

1990年秋在北京举办第十一届亚运会,对体育运动与气象科学的相互关联,引起了人们的普遍关注。

体育竞赛是一项高体能的剧烈对抗性运动,无论在露天或室内场馆里,都无法摆脱气象条件的复杂影响。迄今,在理论上或实践中,也都是从运动员的赛前准备、场地与运动器材的质量,以及当时的气象条件,这三个方面去考察运动成绩的。运动成绩也因气象条件使身体、场地、器械状况发生变化而受到影响;许多优异的运动成绩,也往往是伴随着极为有利的气象条件出现的;比赛的组织者与热情的观众也需要明确具体的气象服务才能使竞赛得以顺利进行。这表明,气象科学与运动科学之间存在着千丝万缕的联系,因此气象学家、运动学家、教练员和运动员,为了提高体育运动的成绩,开展了广泛的科学研究,一门崭新的交叉性边缘科学——运动气象学便应运而生,并表现出强大的生命力。

运动气象学是一门研究大气环境条件及气象因素与体育运动之间相互关系的科学。它对科学地组织训练和在不同的气象条件下组织比赛,都提供了明确的理论依据。它主要通过分析和试验研究,获知各个运动项目最佳的气象条件,并确定在各种气象条件下取得最佳运动成绩的方法。它还证实那些可能导致运动事故的直接气象原因以及危害运动员健康的气象因素。对那些依赖气象条件的运动项目,不仅应获知运动成绩与气象环境条件之间的因果关系,还应对该项运动的场馆选择、体育建筑设计提供指导,使之更加适应体育竞赛的要求,以创造更好的运动成绩。

事实上,气象条件对体育运动的影响,不仅表现在直接的外在影响,而且还涉及生物气象学方面更为复杂的生化过程,即气象条件引起运动员身体内分泌变化而出现的一系列生理和心理变化。1984年,波兰塔多依兹·罗博兹博士，在他的研究和著作中，第一次系统地概括了这方面的科研成果，详细地阐述了气象因素对运动成绩产生的决定性影响，提出了试验的客观结论与可在比赛中遵循的技术方法。

气候多样：体育运动中的气候适应性

世界各地，气候多样，对初到外地参赛的运动员，在不同的气候环境下将发生一系列的反应，并对人体的生理和心理产生重要影响，从而影响运动员的体能与运动成绩。显然，举办比赛东道国的运动员，总是在天时、地利——气候的适应性上占有优势，有利于运动水平的发挥，从而夺得更多的奖牌。为了尽可能缩小这种不公平现象，根据国际惯例：东道国必须事先向参赛团体提供当地的气候背景资料。教练员和运动员也都深知掌握竞赛地点气候背景资料的必要性，不仅把气候适应性的训练作为赛前准备的重要内容，在竞赛过程中也十分注意增强运动员对气候环境的适应能力。这不仅为了取得更好的成绩，同时也有助于避免运动事故。如在登山运动中，不仅需要选择最佳的季节，还要采取"徒劳"的往返式攀登措施，以逐步适应越来越缺氧和寒冷的严酷气候环境，从而减轻对运动员健康的危害，避免高山病这类运动事故的发生。

我国幅员辽阔，从东海之滨到珠穆朗玛之巅，从热带雨林到严寒的北国，跨寒、温、热三大气候带，地形复杂，气候多样，为我国运动员气候适应性训练提供了所需的环境，这也是我国体育运动冲出亚洲走向世界，进入体育强国行列的有利条件。

风云变幻：趋利避害，夺取最佳运动成绩

在诸多的气象因素中，对运动成绩影响最大的首推空气的流动——风，它对提高运动成绩可能是有利的，也可能是不利的，如何趋利避害就成为运动气象学的中心课题。

气海拾贝

在贴近地表的大气中,空气的运动由于受到地面的摩擦力、地面对大气层不均匀的加热以及地形和建筑物等的影响,显得更加不规律。在看台上的细心观众,都能发现运动场内招展的彩旗并不全部朝一个方向飘摆,风向并不一致,风速也极不均一,并表现出很大的阵性。下面是一幅波兰华沙德茨斯修雷卡运动场内风的变化图。它表明当外部风向为315°(西北风),4~6米/秒的主导气流,流经具有高看台结构的现代化运动场时,不仅场内风向发生了很大的偏转,而且还出现了大小不一的各种涡流。运动员若了解这些气象条件,加以利用或避其害,这对于创造更好的运动成绩无疑是大有裨益的。除此之外,重要的问题是要证实风与各类运动项目之间相互作用的结果,知其然并知其所以然,才能在比赛时掌握正确的方法,提高运动成绩并摘取桂冠。

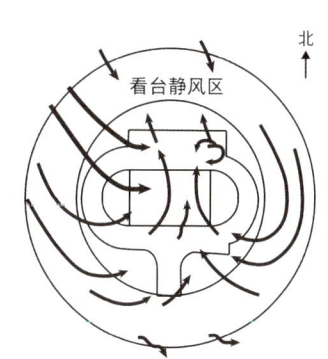

顺风乎?逆风乎?体育运动成绩与风的关系

科学研究表明,田径运动最适宜的气象条件是:气温15~20 ℃,相对湿度为50%~60%,风速为0.5~2.0米/秒。在诸多的气象因素中,对运动成绩影响最大的首推风向与风速。风对那些高速行进的体育运动项目影响很大,尤其在风速较大时更为显著。

风与短跑

毫无疑问,顺风对于提高径赛运动成绩总是有利的,逆风则相反。甚至跳远、三级跳远、跳高这类需要高速助跑的田赛运动也不例外。正因如此,国际田径联合会(IAAF)对各项竞赛时的"最大风速"都作出了限定,在1981年公布的《田径竞赛规则》规定:"200米和200米以下的径赛、跳远、三级跳远等项目,凡是在顺风平均风速超过2.0米/秒时所创的成绩不予承认；凡在顺风平均风速超过4.0米/秒时，创出的全能运动的单项成绩，则全能记录不予承认。"因为从理论上推算，在顺风2.0米/秒的情况下跑完100米，比静风能快0.16秒！这是一个不容忽视的气象因素。美国的詹姆斯·海因斯在1968年创造了9秒95的男子100米的世界纪录，一直保持了近20年，到20世纪80年代，美国卡尔·刘易斯才以9秒92刷新了这个世界纪录！十几年的时间，才提高了0.03秒啊！

风与标枪

在投掷项目中，关于风对铁饼与标枪的影响就存在着相反的观点：一种认为，铁饼与标枪在投掷时有一个仰角，它们在空中飞行过程中一方面受到空气阻力，另一方面也产生向上飘的升力，这种升力延长了它们在空中的飞行时间，因而增加了投掷的距离。如此说逆风条件有时会有助于投得更远，有经验的运动员往往是选择在逆风时投掷或调整投掷方向。

另一种意见认为，飞行时随仰角大小而变化的空气阻力，必然影响投掷距离，很难证实逆风必然增加投掷距离。

用标枪投掷器所做的300次投掷试验，给人们提供了以下事实：

（1）根据理论上的最佳投掷角度，以30.0~31.6米/秒的初速进行投掷试验的实际距离为80.0~83.3米，这要比理论上的计算距离少了9米左右。这表明简化了的理论计算，未考虑某些影响投掷距离的因素。

（2）在静风条件下的投掷距离比较稳定，用同一台投掷器，都将标枪投掷到大约90米，多次投掷的距离相差仅约1米。

（3）300次投掷试验的总体情况表明，无论风向如何，风的作用使标枪投得稍远的占81%；而当投掷角小于22°及大于40°时，就只有19%能投得稍远。所以不管风况如何，掌握一个恰当的投掷角似乎是至关重要的。

（4）然而要取得最佳成绩，风速、风向以及风在垂直方向的分布，都必须考虑，从这300次试验中，分别选出10次最佳和最糟的两组投掷距离时不同高度上的风况进行分析发现，这两组记录的风况存在显著的差异：首先，10次最佳的平均投掷距离为102.36米，而10次最糟的平均投

气海拾贝

掷距离仅76.70米，相差达25.66米。其次，10次最佳的成绩都是在顺风（空气入流角度为180°）时或在侧顺风（135°）的风向条件下取得的，它们的平均风向是153°。且最远的一次投掷距离达104.0米，是在完全顺风时创造的。在10次成绩最糟的投掷中，有6次是发生在风向为左侧逆风（315°）

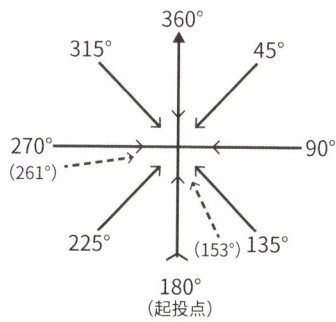

投掷方向与空气的入流角度图
（虚矢是平均入流角）

时，也有4次是处于完全顺风（180°）时。第三，风速大小也有明显差异，较小的风速有利于出现最远的投掷距离，10次最佳的投掷距离在不同高度上的平均风速都远比10次最糟投掷距离时的风速小，这在5～15米的主要飞行高度处尤为显著。此外，风速随高度的分布对投掷距离有着重要的影响，最远的投掷距离风速的垂直分布比较均匀，而最近的投掷距离，则在垂直方向上存在相当显著的风速正切变（即风速随高度而增大），这是大气湍流发展的重要条件，影响了标枪飞行中的稳定性，使投掷距离明显缩短。

综上可见：逆风虽在某种程度上增加了标枪飞行过程中的推动力，但未必是有利的气象条件，因为风洞中的试验条件与贴地表的实际气流有着很大区别。因此可以认为：2～3米/秒的顺风，且在标枪飞行高度范围内风速的垂直分布比较均匀时，才能取得最远的投掷距离。

风与铁饼

铁饼的空气动力学特性要比标枪更为明显，因此风况对铁饼投掷距离的影响更为重要。目前尚无一种理想的投掷器，因此对它的研究主要依靠摄像分析与理论研究。几乎所有的专门研究人员都持这样的观点，铁饼投掷运动成绩的提高，关键在于不同的风况条件下，掌握一个恰当的投掷角度，以及投掷所必需的转动。在无风或风力较弱时的投掷技术已基本了解的情况下，运动员主要掌握在不同的风况条件下如何有效地利用好空气的动力学特征，并选取最佳的投掷方案。美国的索勒斯特于1963年在西德法兰克福体育场上成为世界上第一个将铁饼掷出60米以外的运动员，这与他利用了空气动力学规律不无关系。随后他发现美国加利福尼亚一个建在山谷中的运动场，具有对远距离投掷极为有利的风况条件，并在1971年取得了当时难以置信的70.38米的优异成绩。在这一场比赛中的其他运动员，也都将自己的运动成绩提高了2~6米。可见有利的风况对铁饼的投掷是何等重要！

理论的分析以及在风洞中的试验都证实：铁饼的飞行过程可分为两个阶段：在第一阶段中作为中间媒介的风，可以促进铁饼的飞行；而第二阶段中，风对它的飞行却起了阻碍作用。风作用于铁饼的力有两种：一种是阻力，风速越大对铁饼的作用力也越大，于是顺风可以增加大铁饼的投掷距离，而逆风则相反；另一种是风作用于铁饼的气动力，这种力对投掷距离的影响要大于空气的阻力，因此一般情况下认为：

（1）在顺风的情况下，当起始的投掷角选得较大时，由于顺风的推动力总能使投掷距离增加，与此同时，顺风会减小投掷风（相对于飞行中铁饼而言的风，而不是从静止的地面上所观测到的风），从而减弱了风对铁饼施加抬升作用的气动力，相应投掷距离也随之缩短。在铁饼飞行的后半段，顺风使铁饼的飞行角度增大，空气的阻力也相应增加，从而缩短了铁饼的投掷距离。因此顺风对投掷距离的促进作用相对而言是微小的。在顺风时，男子铁饼的最佳起始投掷角在33°~44°之间，风速越大，投掷角应在这一夹角范围内相应地增大。而女子铁饼在顺风时最佳的起始投掷角应掌握在37°~45°之间。

（2）在逆风情况下，采用一个较小的起始投掷角是有利的，而且它的投掷距离随风速的增大而增加。这种情况下，若投掷角选择错误，将会导致比静风时更加惨重的失败。男子的最佳出手角在34°~38°之间，而女子应为21°~31°之间。这样可以取得更远的投掷距离。

气海拾贝

大气压力与体育运动的关系

在通常情况下,施加在人体上的1平方厘米的大气压力约1公斤重,这是一个沉重的负担,然而人类已适应了这一环境。大气压力与运动成绩也有密切的关系,气压是随高度的上升呈指数下降,海拔越高,大气压力就越低,空气的密度就相应减小,从而使运动中的物体所受的粘滞阻力减小,有利于运动成绩的提高。如在海拔2000米高度的运动场上赛跑,空气阻力对人身施加影响的减小约相当于1米/秒的顺风风速的促进作用。又如,当一个铁饼用同一力量和同一投掷角度在海拔2300米的运动场上投出的距离,要比近海平面的运动场地投掷距离远出1.62米。较低的大气压力,由于空气稀薄,对于多数运动项目的运动成绩起着提高的作用。

此外,其他一些气象要素如降水、气温、湿度、能见度、太阳辐射以及雷电、冰雹等,都与体育运动有着密切的关系。1990年在北京举办的第十一届亚运会取得圆满成功,与良好的气候条件和气象保障工作是分不开的。亚运会期间,北京正值秋高气爽的季节,气候条件适宜。但天有风云突变,也存在出现反常天气的可能性。我国气象部门为了提高亚运会气象服务水平,立足于出现最坏天气条件的准备,本着无私奉献,艰苦奋斗,团结协作争创一流的亚运会精神,四年前就开始筹备,已有数百名科技工作者参加了技术准备,后续还有更多的气象工作人员投入为盛会服务的行列。举办十一届亚运会举世瞩目,意义重大,做好亚运会的气象服务,不仅是我国气象科学工作者的心愿,也承载着全国亿万人民的期望,同时对我国运动气象学的发展也是很大的促进。

(原文刊载于《气象知识》1990年第3~5期)

气候与中国古代文化

文 / 张家诚

在世界文明古国中，中国古代文化和中华民族缘何能够绵延至今，而且在世界文化进步中，不断发挥巨大的作用，探讨形成这一事实的气候原因，无疑是个很有趣的问题。

大家都知道，埃及、巴比伦与印度河流域等文明古国都位于有水源的热带副热带干旱地区。埃及依靠尼罗河水在尼罗河谷创造了古代繁荣的文化，巴比伦则依赖底格里斯与幼发拉底两河的河水，印度古代文化则发生在印度河下游的干旱地区。干热气候有利于发展生产与过冬，同时病虫害较少，体感舒适，但干热如没有水就会变成沙漠，人类无法生存。因此，从多雨地带流来的河水就成为生命之源、繁荣之本，这就是上述三大文明古国古代文化在这里发展的重要气候背景。

中国文化则发生在另一种气候背景下。当时的黄河流域比现在炎热潮湿，属副热带半湿润季风气候。这里的气候资源是很丰富的，但对作物生长的不利条件也很多，因为这里的气候灾害很频繁，在利用气候资源的同时必须防御灾害。在气候灾害中，既有雨水过多的涝，也有雨水不足的旱。这里气候的复杂性同上述有水源的热带副热带气候的单调性恰成鲜明的对比。

当然，文化的发展是十分复杂的现象，不应当简单地看作气候问题。但是气候的这种差别不会是没有影响的，何况在人类的早期，对自然界依附的程度比现在高得多，也许从这里出发，会给人一点启示。

更有意义的是，根据农业经济发展史的研究成果，在潮湿地带农业首先在山区或河谷台地上发展。在季风区域更是如此。因为，在生产季节，平原里河水泛滥，无法居住和耕种。但是平原的土地又十分肥沃，只有农业发展到平原，古老的文化才能在这块广阔与富饶的土地上出现。在中国

气海拾贝

黄河流域情况也是这样,并已为大量考古资料所证实。

因此,中国古代所面对的问题同其他文明古国就有很大的不同。其他文明古国基本局限于沿河狭长的平原与三角洲。近邻大多为难以利用的不毛之地,即使远征军征服了异域,也难以结成一个坚强的实体。单调的气候保证了他们安定地创造灿烂的文化,但也局限了他们的视野,反映在他们的古代文化缺乏改造自然的想象与实践。

中国文化出现的条件与此有很大不同。中国古代文化最早在黄河中游的山区与河谷台地上,紧临着富饶的河谷与辽阔的黄淮海平原。因此,中国古代有很大的发展空间,但是,为要达到这一目的,治水就成为一项重要任务。因为,只有水退人进,农业才能获得肥沃的土地。夏禹治水正是中国古代农业向平原发展的最早的一次重大胜利。但是,夏禹治水并未结束,而只是开始开发平原地区的过程。因为,当时生产力还很低下,治水又是十分艰巨的任务,所以不可能一次完成。实际上,我国古代治水经历了一个长约两千年的过程,才完成了黄淮海平原全部开发利用的任务。

这从地域的分布上也反映了这一过程。由夏禹开创的夏朝的中心区域是在地势较高的豫西与晋南地区。夏朝的安定与繁荣应该说是与治好这一地区的水患有一定联系。但是,在豫东及其附近的黄河下游地区,仍未能摆脱水患。住在这一地区的商族不得不继续治水,以谋求自己的生存与发展。商族的确在治水上做出了重大贡献。商族始祖契相传即是禹治水的助手,以后相继出现一些治水能手。尽管如此,商族在夏朝时期就已迁移八次,商朝建立后又迁都五次。据史载,迁都的原因主要是水患。由此可见,在黄淮海平原求发展是十分艰苦的。商族的强大以至最后征服夏族,可以说同开发这一平原取得的胜利有一定关联。

据古地理学家谭其骧的考证,在黄淮海平原北部的河北省中部平原一直到战国时期都还没有村镇遗迹。说明这里还是无人居住的地方。谭其骧说,只有"在黄河两岸修建堤防"后,人们才能迁入,也就出现了村镇遗迹。这一事实说明,由夏禹开始的治水过程,就是农业向平原的转移过程，也就是我国古代开拓黄淮海平原的过程。这一过程到战国时期才算完成。由此可见，中国古代的治水过程，同黄淮海平原开发过程是重合的，同中国古代文化的形成过程也是重合的，战国时代治水结束，中国古代文化也开始进入最灿烂光辉的时期。

漫长的治水过程是中国古代文化得以发展的一大契机，是在其他文明古国所未见的。尽管其他文明古国在灌溉工程的建设上也取得了辉煌的成果，但却远未能像中国这样改变大地的面貌，为民族的形成创立了基业，为民族的发展争取了广阔的土地。

我国古代朴素的辩证思想也同复杂的气候条件有关。阴阳学说是我国从古以来就具有代表性的一种学术思想。阴阳是矛盾对立统一的两面。它也反映了我国气候的复杂性。因为这里的"气候"有资源的一面，也有灾害的一面；有正灾害（如涝、热）的一面，也有负灾害（如旱、冷）的一面。阴阳学说渗透到中国古代几乎所有的自然科学领域与社会科学的领域。如中医学的"阴平阳秘"（人体阴阳的相对平衡与协调）是正常生理活动的必要条件，否则会生疾病。兵书中的"虚实""奇正"等也是例子。夏禹治水也是在正确解决"堵"与"导"两种相互矛盾方针关系的基础上取得的。

丰富多彩的人类历史是在一定的自然条件与社会条件的舞台上展开的。中国历史的独特性也必然同这些条件有一定关系。分析黄河中下游气候的特殊性，未必能找到问题的解答，但却有值得思索的内容。

（原文刊载于《气象知识》1994年第5期）

气海拾贝

深藏故宫中附带气象仪表的钟表

文 图 / 曹冀鲁

目前在哪里还能欣赏到清代的皇家气象仪表？答案是北京故宫、颐和园。若说哪里是保存古近代的机械钟表最丰富的博物馆，当首推北京故宫博物院，这里收藏着许多18世纪直至20世纪初期的大大小小机械钟表。

故宫博物院奉先殿作为专门展览古近代钟表的钟表馆，以其独有的特色每年吸引着成千上万国内外游客参观。走进馆里，你如同进入钟表艺术宫殿，陈列的这些精美名贵钟表琳琅满目，既是有使用价值的计时器，又是技术精湛的工艺精品。这里面有当时外国使节和传教士以及商人进献和进贡给皇帝的珍品，有清帝令广东粤海关官员以重金向外商购进的英国、法国、美国、意大利、瑞士、日本等国家制造的精美钟表，也有中国当时清宫内的造办处以及苏州、广州等地自己制造的。这些保存至今的稀世之宝，精华荟萃，蔚为大观，有镀金镀银的、景泰蓝的、珐琅镶嵌水晶与珍珠宝石的、铜质的、铁质的和木质的，座钟、挂钟、自鸣钟、摆钟等，造型也千姿百态，有宫殿型、房屋式、塔楼型、花瓶式等，令人目不暇接，有的今天仍走时准确，所以说奉先殿是名副其实的钟表殿堂。在参观中你仿佛能够听到钟表嘀嘀嗒嗒的声音，感受着逝去的时光和科技信息。要指出的是，在这些钟表里，其中就有一些附带有气象仪表仪器，您参观时要特别关注。

说起钟表交流史，还要追溯到明代的万历年间，当时的西洋传教士利玛窦向万历皇帝献自鸣钟等西洋仪器后，西方钟表开始传入中国。清康熙时在宫中设有"兼自鸣钟执守侍首领"一人，专司近御随侍赏用银两，并验钟鸣时刻。宫中还设有钟表作坊"做钟处"，置"侍置监首领一人"负责钟表所造事宜，摆放在钟表馆的巨大醒目的由中国制造的紫檀楼阁式大自鸣钟目前已经成了国宝。需要指出的是，当时的制作钟表业也普及到了民间，大致与宫中做钟的同时，广州、苏州、南京、宁波等地也先后出现了家庭作坊式的钟表制造或修理业，出现了一批精通钟表制造的中国工匠，推动了中西钟表行业的技术交流。

带有气压表和温度表的精美景泰蓝座钟

在故宫钟表馆里陈列的近百件英国钟表，以造型美、变化多、数量大为著。18世纪的英国钟表业发展迅速，大量进入我国。英国钟表以金光灿烂的铜镀金为外壳，嵌以各种料石，造型表现了欧洲传统文化，有的钟表附带有水法、响乐、转花、转人等。法国钟表多为19至20世纪初的产品，从造型到动力结构都很有特色。细心的游客在领略

铜制舰船式机轮的3个烟囱分别镶嵌有时钟和气压表、温度表

这些中外钟表的精湛技艺中，会发现在这些钟表里也有近代气象仪表的身影。随着气象科学的发展和气象仪器的运用，当时西方贵族们已经不满足于掌握时间，为了使生活舒适，还需要了解温度、湿度、气压等气象要素，有的钟表附带有气压表（当时叫晴雨表）、温度表（当时叫寒暑表）等仪表仪器，为帝王家庭成员了解何日刮风下雨，何时增减衣物享受方便。如果在参观时进一步

附带空盒气压表和温度表的不用上发条的铜镀金滚球压力钟

气海拾贝

观察，就会发现在陈列台上的这类气象仪器中气温表的刻度多数以华氏温标，气压读数采用英寸标识。在反映当时科技成果方面，法国生产的以工业革命题材为主的火车头时钟，表身上镶嵌着醒目的气压表、火车头烟囱上挂着温度表（笔者曾在颐和园及长春的伪满皇宫博物院陈列馆中看到雷同的蒸汽机火车钟表）。这个铜制舰船式机轮的三个烟囱分别镶嵌有时钟和气压表、温度表。

法国生产的以工业革命题材为主的火车头时钟，机身上镶嵌着醒目的气压表，火车头烟囱上挂着温度表

此外还有灯塔式气象仪表钟，有附带空盒气压表和温度表的不用上发条的铜镀金滚球压力钟，有带有气压表和温度表的精美景泰蓝座钟及带有温度表和气压表的其他类型钟表，等等。这些钟表和气象仪器可谓巧夺天工，价值连城，使帝王后妃们可以随时了解气温气压情况。

瞧！更有趣的是这个热气球形状的造型摆钟，在棕色玉石圆盘上立一金柱，柱顶一圆气球上有阿拉伯数字表盘和指针，下坠一只金银编织的钟摆摇篮，篮框里有一身着金披的探险者。在欧洲工业革命热潮中，法国人于18世纪下半叶取得气球载人上天的成功，当时为纪念这一壮举，制出这个可爱的气球钟。

这些被保存下来的价值无比的古典钟表，不仅被当时皇亲国戚使用过，成了贵族的专宠，也为后人留下了珍贵的钟表及气象仪表实物，珠光宝气中的皇家豪华气派尽显。不难看出，这些各国古典钟表凝聚了几代钟表匠人和气象仪器制造者的心血，映射出工匠们丰富的想象力和精湛的技

带有温度表和气压表的钟表　　热气球形状的造型摆钟　　灯塔式气象仪表钟

艺，令人叹为观止。这些近代温度表和气压表仪器，成了保存下来的皇家贵族们的气象仪器实物，具有极高的美学价值和历史价值，同时也是中西文化艺术和科技交流的见证。此外，北京的皇家园林颐和园里也珍藏有部分附带气象仪器的钟表，您如有兴趣可以前往参观，领略这些气象历史文物和艺术品，或进一步研究钟表及气象仪表的历史和科学艺术价值。

（原文刊载于《气象知识》2013年第4期）

气海拾贝

丝路遗风——新疆文物里的气象之韵

文 / 潘继鹏

新疆这个多民族的地区有着悠久、灿烂、具有鲜明地域特色的历史文化。古老的丝绸之路分南、北、中三条横贯全境，有力推动了中原文化在西域地区的传播和东西文化的交流。

新疆位于亚欧大陆中部，地处中国西北边陲，占中国陆地总面积的六分之一。新疆远离海洋，深居内陆，四周有高山阻隔，海洋湿气不易进入，形成明显的温带大陆性气候。气温变化大，日照时间长，降水量少，空气干燥。新疆年平均降水量仅为150毫米左右，但各地降水量相差很大。

自古以来，各族人民在新疆这块土地上劳动生息，共同创造出了古代西域博大壮伟、独具特色的历史文明。独特的天气气候特点，使新疆境内的大型生土建筑遗址和年代久远而内涵丰富的古墓群，得以保存完整，有些古墓保存完好，墓主人完全因自然原因形成"木乃伊"。艺术风格多样的石窟壁画，遍布全疆的石雕岩刻，史料价值极高的文书简牍，精美无比的丝毛织品、品种多样的古生物化石、风格独特的民族古建筑，具有地方特色的石器、陶器、铜器、木器、玻璃器、钱币等，文物种类众多，历史文化内涵丰富独特，成为中外学者研究新疆和"丝绸之路"沿线历史文化的珍贵宝库。

特别是新中国成立以来，新疆的文物考古的一系列重大发现，以其极大的魅力和潜力，一直为世人所注目。其中，"五星出东方利中国"织锦的出土、"楼兰美女"古尸的发现、"小河公主"的考古故事等更是惊艳世界，传为佳话。

"五星出东方利中国"织锦何以震惊世界

1995年10月，中日尼雅遗址考察队在尼雅遗址发掘考古成果丰硕，出土了大量精美绝伦的汉朝丝绸，其色彩之斑斓，织工之精细，实为罕见。其中一块织锦护膊震惊了世界。出土时，当考古人员将这块格外醒目的蓝色织锦小心翼翼地翻开时，不

"五星出东方利中国"织锦（刘玉生/供图）

可思议的事情出现了：它不仅逐渐显露出各种鲜艳的色彩，还依次出现了白色织出的汉文"中国""东方""五星"等字，最后展现出的完整文字竟是八个汉隶文字"五星出东方利中国"，而且是上下两排，每排一字不少！读起来简直就像当代语词朗朗上口，铿锵有力。

尽管考古学家们至今对这八个字的解释莫衷一是，但以五星红旗为象征的当代中国竟然与汉晋时期的古老语词如此暗合，仿佛是千年前的一个预言而令人心动不已。这不能不说是个奇迹。

这块织锦护膊上除上述文字外，还有用鲜艳的白、赤、黄、绿四色在青底上织出的汉式典型图案：云气纹、鸟兽、辟邪和代表日月的红白圆形纹。

"五星出东方利中国"织锦面积不大，长18.5厘米，宽12.5厘米，经密为2200根/10厘米，纬密240根/10厘米，经向花纹循环7.4厘米，四周用白织物缝边，上下各缝出3根长条带，是一件完整独立的物品。这件文物被誉为20世纪中国考古学最伟大的发现之一。

气海拾贝

"楼兰美女"缘何美如天仙

1934年,瑞典人沃尔克·贝格曼于向世界公布了他在中亚腹地的小河墓地发现的"微笑公主"。但是这个"微笑公主"在惊世一现后,便沉寂沙漠,再也没有人能够找到她。70年过去了,又一个头戴毛毡帽极其美丽的年轻女尸的脸庞在中国考古工作者手下重见天日,人们被她的美貌震惊了,发出了这样的感叹:"她才应该是'小河公主'——真正的楼兰美女!"

然而真正的"楼兰美女"却是在距小河以东175公里处的著名的楼兰遗址被发现的。1980年,我国的考古工作者在孔雀河下游的铁板河三角洲,发现了一片墓地。墓中出土了一具中年女性干尸,体肤指甲保存完好。她有一张瘦削的脸庞,尖尖的鼻子,深凹的眼眶,肤色红褐色富有弹

小河墓地(刘玉生/供图)

性，眼大窝深，鼻梁高而窄，下巴尖翘，褐色长发披肩，具有鲜明的欧罗巴人种特征，被世人称为"楼兰美女"。

经鉴定，"楼兰美女"古尸距今已有3800年，是迄今为止新疆出土的古尸中年代最早的一具。她是谁？她所代表的人群具体属于何种种族类型？他们生前是当地土著还是从他处迁徙而来？关于这些问题的答案至今在考古界仍众说纷纭。

楼兰，本就是一个谜、一个梦；而关于"楼兰美女"的传说，更为这个难解名字披上了一层神秘而难以撩起的外纱。相传，楼兰女在丝绸之路上久负盛名，她美如天仙，令人爱怜，以致西域王公贵族纷纷娶楼兰女为妻。虽然历史上没有关于相关历史记载，但她的貌美却成为永久的话题。

据《晋书·张骏传》载，公元326年，割据敦煌的大军阀张骏趁天下大乱，派将军杨宣攻打鄯善。鄯善王元孟被逼无奈，不得不献出楼兰美女，这才平息了战争。这位金发碧眼的楼兰姑娘深得张骏的欢心，张骏不仅给她"美人"封号，还特地为她建造了一座名叫"宾遐观"的宫殿。

楼兰美女不仅让凡夫俗子为之动心，而且令佛门高僧失魂落魄。《魏书·祖渠传》记述了这样一个故事：公元420年前后，克什米尔高僧昙无谶来鄯善弘布佛法，受到美貌的鄯善公主曼头陀林的诱惑。他竟然不顾佛门禁令和这位楼兰公主发生私情。这件宫廷丑闻不幸败露，昙无谶不得不仓皇逃往甘肃武威。

古楼兰气候恶劣，一年四季风沙不断，阳光辐射强烈，然而楼兰姑娘却是冰肌玉骨，"美貌"长驻。她们是如何保养自己的呢？也许以下的这个发现能够解释这个秘密。

1988年，文物部门在楼兰古城东南发现了两处类似现代的酒窖池，说明当时已经有了酿造葡萄酒的雏形。科学研究证明，葡萄酒中含有的有益天然成分约有250种以上，酒中含有的尼克酸能保护皮肤和神经的健康，因而能起到美容的作用，并且可以治疗贫血，降低心脏病发病率。据史书记载，楼兰古国的葡萄酒酿造技术早于法国800多年，因此，楼兰姑娘缘

何漂亮、美丽的奥秘似乎有了理论根据——这和她们常饮葡萄酒有着很大的关系。

新疆文物"保鲜"的气象密码

无论是"五星出东方利中国"织锦,还是神秘一现的"微笑公主",还有那娥眉清秀、双眼深邃、薄唇轻抿、俊美忧郁的"楼兰美女",他们所出土的地方曾经的繁荣,都随着历史的烟云突然从中国西部消失了,但是历经千秋万代,这些丝绸之路上的考古奇葩却依然那么鲜活夺目,向我们传递着他们"保鲜"的秘密。

考古学家和气象学家认为,新疆东部、南部地区气候干燥少雨,地域环境特殊,沙漠戈壁广袤,蒸发量远远大于降水量。加之史前葬俗是浅层埋葬,使得尸体及陪葬品迅速脱水,而且气温高不利于细菌繁殖,所以新疆成为世界上发现古代居民遗体最多的地方。

从楼兰美女传递出的科学考证信息表明,罗布泊在4000年前的气候及生存环境就已经是干旱多沙,这与

"小河"公主(刘玉生/供图)

木乃伊解剖后在肺中发现的沙尘也不谋而合。从这具木乃伊头戴麻布防风斗篷连衣帽,下颌前有线带横穿等穿着可以推测,当年楼兰地区天气炎热而且风沙较大,这样既可以防风沙侵入,又可透气。气候环境变化与南疆地区人文事件之间的耦合关系说明,南疆地区气候环境的变化在很大程度上影响着人类活动及人类生存的自然环境条件。在气候的相对湿润期,环境条件适宜,有利于人类活动,使农牧业生产繁盛,人类活动

范围扩大，丝绸之路畅通；在暖干的环境条件下，水分的减少，则会抑制人类的活动，导致农业歉收，人类的生存环境和条件恶化，古城废弃，丝绸之路衰落。

人们从堪与著名的古罗马庞培城相媲美的尼雅遗址中发现，在秦汉时期，尼雅河水充沛，精绝国林木葱郁，灌草繁茂，尼雅文明也在绿洲中出现并达到空前繁荣。但有专家认为，后来随着气候的变化，尼雅河出现了河道退缩的现象，精绝国从此走向衰落。更可悲的是，尼雅人的活动不断对这里的环境造成破坏。特别是在1700多年前，生产方式粗放，人口的增加破坏了植被，致使水源枯竭。塔克拉玛干大沙漠开始对这失去了树木保护的尼雅古城施虐，最终把它吞噬。由于气候干燥，这里的干尸甚至不经过任何处理便可形成。

如果当年富庶的尼雅人能看到今天的破败景象，也许他们就会珍惜这片神赐的绿洲。尼雅的命运令人扼腕叹息，同时又告诫人们：我们只有一个地球，如果不珍惜，即使再辉煌的文明也会成为一片荒凉的废墟。

（原文刊载于《气象知识》2014年第3期）